W0256877

Hermann Stefan (Hrsg.)

Präoperative Diagnostik für die Epilepsiechirurgie

Mit 21 Abbildungen und 22 Tabellen

Springer-Verlag
Berlin Heidelberg New York
London Paris Tokyo

Prof. Dr. med. Hermann Stefan

Neurologische Klinik mit Poliklinik
der Universität Erlangen-Nürnberg
Schwabachanlage 6, D-8520 Erlangen

ISBN-13: 978-3-540-51099-4   e-ISBN-13: 978-3-642-74737-3
DOI: 10.1007/978-3-642-74737-3

CIP-Titelaufnahme der Deutschen Bibliothek
Präoperative Diagnostik für die Epilepsiechirurgie / Hermann Stefan (Hrsg.). – Berlin ;
Heidelberg ; New York ; London ; Paris ; Tokyo ; Springer, 1989
ISBN-13: 978-3-540-51099-4   e-ISBN-13: 978-3-642-74737-3
DOI: 10.1007/978-3-642-74737-3
NE: Stefan, Hermann [Hrsg.]

Dieses Werk ist urheberrechtlich geschützt. Die dadurch begründeten Rechte, insbesondere die der Übersetzung, des Nachdrucks, des Vortrags, der Entnahme von Abbildungen und Tabellen, der Funksendung, der Mikroverfilmung oder der Vervielfältigung auf
anderen Wegen und der Speicherung in Datenverarbeitungsanlagen, bleiben, auch bei
nur auszugsweiser Verwertung, vorbehalten. Eine Vervielfältigung dieses Werkes oder
von Teilen dieses Werkes ist auch im Einzelfall nur in den Grenzen der gesetzlichen
Bestimmungen des Urheberrechtsgesetzes der Bundesrepublik Deutschland vom 9. September 1965 in der Fassung vom 24. Juni 1985 zulässig. Sie ist grundsätzlich vergütungs-
pflichtig. Zuwiderhandlungen unterliegen den Strafbestimmungen des Urheberrechtsgesetzes.

© Springer-Verlag Berlin Heidelberg 1989

Die Wiedergabe von Gebrauchsnamen, Handelsnamen, Warenbezeichnungen usw. in
diesem Werk berechtigt auch ohne besondere Kennzeichnung nicht zu der Annahme,
daß solche Namen im Sinne der Warenzeichen- und Markenschutz-Gesetzgebung als frei
zu betrachten wären und daher von jedermann benutzt werden dürften.

Produkthaftung: Für Angaben über Dosierungsanweisungen und Applikationsformen
kann vom Verlag keine Gewähr übernommen werden. Derartige Angaben müssen vom
jeweiligen Anwender im Einzelfall anhand anderer Literaturstellen auf ihre Richtigkeit
überprüft werden.

Satz und Druck: Zechnersche Buchdruckerei, Speyer
Bindearbeiten: J. Schäffer, Grünstadt
2125/3140-543210 – Gedruckt auf säurefreiem Papier

Vorwort

Pharmakoresistente Epilepsien sind ein großes sozialmedizinisches Problem. In der Bundesrepublik Deutschland leben ca. 60000 Patienten mit medikamentös nicht ausreichend beeinflußbaren Epilepsien. Der Bedarf an operativer Behandlung solcher Patienten ist hoch. Nach den grundlegenden Arbeiten von Pionieren, wie z. B. Horsley, Förster, Penfield, Jasper, Falconer, Bancaud, Talairach und vielen anderen, führten v. a. in den letzten Jahren Fortschritte auf technologisch-diagnostischem Gebiet und in der Operationstechnik selbst zu einem neuen Aufschwung operativer Behandlungsverfahren. Auch in der Praxis wird der niedergelassene Kollege zunehmend mit der Frage einer evtl. operativen Epilepsiebehandlung seines Patienten konfrontiert und muß die ersten Weichen stellen. In dem vorliegenden Buch sollen daher nicht nur neue wissenschaftliche Ergebnisse, sondern v. a. auch für die Praxis relevante Gesichtspunkte beachtet werden. Der vorliegende Überblick über die präoperative Diagnostik und operative Epilepsiebehandlung wurde anläßlich des Epilepsiekolloquiums am 16. April 1987 in Erlangen angeregt. Experten und niedergelassene Ärzte diskutierten hier u. a. über Methoden und praktische Probleme der operativen Epilepsiebehandlung. In dem vorliegenden kurzgefaßten Überblick sollen praxisbezogene Hinweise besonders für den deutschsprachigen Raum gegeben werden. Hinsichtlich spezieller Probleme wird auf die Spezialliteratur verwiesen. Es sollen also Kurzinformationen über die interdisziplinäre Zusammenarbeit, praktische Hinweise für die Überweisung in eine Spezialinstitution sowie für den Gesamtablauf des Untersuchungsganges geliefert werden.

Erlangen, im Frühjahr 1989   H. Stefan

Autorenverzeichnis

Andermann, Friedrich, M.D., F.R.C.P. (C)
Professor of Neurology
Department of Neurology and Neurosurgery, Mc Gill University
Montreal Neurological Hospital and Institute
Montreal, Quebec H3A 2B4, Canada

Bauer, Jürgen, Dr. med.
Neurologische Klinik mit Poliklinik
der Universität Erlangen-Nürnberg
Schwabachanlage 6, D-8520 Erlangen

Lang, Christoph, Priv.-Doz., Dr. med., Dipl.-Psych.
Neurologische Klinik mit Poliklinik
der Universität Erlangen-Nürnberg
Schwabachanlage 6, D-8520 Erlangen

Neubauer, Uwe, Dr. med.
Neurochirurgische Klinik der Universität Erlangen-Nürnberg
Schwabachanlage 6, D-8520 Erlangen

Neundörfer, Bernhard, Prof. Dr. med.
Neurologische Klinik mit Poliklinik
der Universität Erlangen-Nürnberg
Schwabachanlage 6, D-8520 Erlangen

Olivier, André, M.D., Ph.D., F.R.C.S. (C)
Department of Neurosurgery
Mc Gill University, Montreal Neurological Hospital and Institute
Montreal, Quebec H3A 2B4, Canada

Schmidt, Dieter, Prof. Dr. med.
Neurologische Klinik, Klinikum Großhadern
Marchioninistraße 15, D-8000 München 70

Schüler, Peter, Dr. med.
Neurologische Klinik mit Poliklinik
der Universität Erlangen-Nürnberg
Schwabachanlage 6, D-8520 Erlangen

Stefan, Hermann, Prof. Dr. med.
Neurologische Klinik mit Poliklinik
der Universität Erlangen-Nürnberg
Schwabachanlage 6, D-8520 Erlangen

Treig, Thomas, Dr. med.
Neurologische Klinik mit Poliklinik
der Universität Erlangen-Nürnberg
Schwabachanlage 6, D-8520 Erlangen

Vieth, Jürgen, Prof. Dr. med.
Neurologische Klinik mit Poliklinik
der Universität Erlangen-Nürnberg
Schwabachanlage 6, D-8520 Erlangen

Inhaltsverzeichnis

Internationale Klassifikationen der epileptischen Anfälle und Epilepsien (epileptischen Syndrome)

B. Neundörfer

Viele derzeit in Klinik und Praxis tätige Ärzte im deutschen Sprachraum, die Anfallspatienten betreuen, benützen für die diagnostische Einordnung epileptischer Anfälle und Epilepsien noch weitgehend die sog. „Heidelberger Klassifikation", mit der sie gleichsam großgeworden sind und die sich auch in der praktischen Anwendung bewährt hat. Solange z. B. auch in einem angesehenen Lehrbuch der Neurologie (Poeck 1987) diese Terminologie weiter verteidigt und verwendet wird, wird sie sicherlich noch über längere Zeit nicht zu verdrängen sein. Die folgenden Ausführungen möchten aber trotzdem dazu beitragen, Verständnis für die inzwischen von den Klassifikationskommissionen der internationalen Liga gegen Epilepsie erarbeiteten Klassifikationsschemata der epileptischen Anfälle (Commission on Classification and Terminology of the International League against Epilepsy 1981) und epileptischen Syndrome (Epilepsien) (Commission on Classification and Terminology of the International League against Epilepsy 1985) zu gewinnen und so die Heidelberger Terminologie in die der internationalen Klassifikationen übersetzbar zu machen.

Das Anliegen der Klassifikationskommissionen war es – wie aus der Zweiteilung der Klassifikationsschemata deutlich wird –, zunächst einmal scharf zu trennen zwischen den epileptischen Anfällen als zu beschreibendem klinischen Phänomen – vergleichbar den Symptomen bestimmter Krankheiten – und den epileptischen Syndromen oder Epilepsien als klinische Entitäten mit z. T. bekannter spezifischer, oft jedoch noch unbekannter Ätiologie. Diese Zweiteilung hat u. a. den für die Klinik wichtigen Vorteil, daß man bei der Definition klinischer Entitäten auch prognostische und für die Therapie bedeutsame Schlüsse ziehen kann. Während man dem Phänomen einer bestimmten Anfallsart nicht ansehen kann, ob die Prognose gut oder schlecht ist, ob behandelt werden muß oder nicht, verfügt man aus Verlaufsbeobachtungen bei vielen epileptischen Syndromen über exakte Daten zum Verlauf und zur Ansprechbarkeit auf eine medikamentöse oder evtl. sogar chirurgische Therapie. So gibt es z. B. myoklonischastatische Anfälle im Rahmen des Lennox-Gastaut-Syndromes mit relativ schlechter Prognose oder im Rahmen des eher benignen Syndromes, das von Kruse (1968) beschrieben wurde, und häufig hereditärer Natur ist.

Die internationale Klassifikation der *epileptischen Anfälle* geht von dem Grundprinzip der Lokalisation der epileptischen („Krampf"-) Aktivität im EEG aus. Sie unterscheidet prinzipiell zwischen generalisierten Epilepsien mit bilateral, über beiden Hemisphären auftretenden „Krampfpotentialen" und partiellen (fokalen, lokalen) Anfällen, bei denen die epileptische Aktivität von einem umschriebenen Herd ausgeht (Tabelle 1). Bei den generalisierten Anfällen unterscheidet man als Untergruppen Absencen, myoklonische, klonische, tonische, tonisch-klonische und atonische Anfälle. Die dabei zu beobachtende iktuale und interiktuale EEG-Aktivität ist Tabelle 1 zu entnehmen.

Bei den partiellen (fokalen, lokalen) Anfällen unterscheidet man 2 Hauptuntergruppen, die einfach partiellen und die komplex partiellen Anfälle, wobei das Unterscheidungskriterium die Bewußtseinslage ist. Bei einer Störung des Bewußtseins (das Bewußtsein gilt als gestört, wenn der Patient nicht in der Lage ist, auf äußere Reize aufgrund einer Änderung der Wachheit und/oder Reaktionsfähigkeit normal zu reagieren) spricht man von komplex partiellen Anfällen. Die fokale (partielle) Symptomatik kann geprägt sein von motorischen, sensiblen oder sensorischen, vegetativen oder psychischen Symptomen (genauere Beschreibung und EEG-Veränderungen in Tabelle 1). Es gibt häufig Übergänge von einfach partiellen in komplex partielle Anfälle, bei denen zu Beginn das Bewußtsein noch erhalten ist, und der Patient z. B. einen sensorischen Reiz (z. B. eine Geschmackshalluzination, in alter Terminologie „Geschmacksaura") erfährt, an den sich eine Bewußtseinsänderung mit motorischen Automatismen anschließt. Schließlich kann sich auch aus einem partiellen Anfall ein sekundär generalisierter Anfall entwickeln.

Bei der internationalen Klassifikation der *epileptischen Syndrome und Epilepsien* waren für die Unterteilung der Hauptgruppen wiederum die Lokalisation (lokalisationsbezogen [fokal, lokal, partiell] und generalisiert), die Ätiologie (idiopathisch [primär] und symptomatisch [sekundär]) und die Altersgebundenheit des Auftretens der Syndrome (altersgebunden – nicht altersgebunden) maßgeblich. Schließlich wurden auch prognostische Kriterien und die Therapierbarkeit berücksichtigt. Eine weitere Aufschlüsselung der epileptischen Syndrome und Epilepsien ist in Tabelle 2 dargestellt. Besonders ist darauf hinzuweisen, daß mit den symptomatischen lokalisationsbezogenen Epilepsien und Syndromen v. a. Anfallskrankheiten mit umschriebenem Ausgangspunkt von den einzelnen Hirnregionen (Frontal-, Temporal-, Parietal- und Okzipitallappenepilepsien mit weiteren Unterteilungen) gemeint sind, die im Originalbericht der Klassifikationskommission in einem besonderen Anhang (Anhang I) beschrieben sind.

Zwar ist die internationale Klassifikation für den mit der relativ einfach zu handhabenden Heidelberger Klassifikation Vertrauten auf den ersten Blick verwirrend; wenn man sich aber einmal die genannten Grundprinzipien klargemacht hat, läßt sich damit doch auch sehr gut arbeiten, so daß die „Übersetzung" dieser Klassifikationen in die Heidelberger Terminologie nicht schwerfällt. Eine kurz gefaßte Anleitung gibt Tabelle 3.

Natürlich unterliegen solche Klassifikationen auch Unvollkommenheiten, so daß noch Fragen offenbleiben und bei weiteren Revisionen verbessert werden müssen. Einige dieser offenen Fragen und Probleme sind in Tabelle 4 formuliert und wurden schon von Stefan (1987) angeschnitten.

Tab. 1. Klassifikation epileptischer Anfälle. (Nach Commission on Classification and Terminology of the International League against Epilepsy 1981; Wolf et al. 1987)

Klinischer Anfallstyp	Iktuale EEG-Charakteristik	Interiktuale EEG-Charakteristik
Fokale (partielle, lokale) Anfälle		
A. Einfach fokale Anfälle (Bewußtsein ist erhalten)	Lokale kontralaterale Entladung, die über dem korrespondierenden Areal der kortikalen Repräsentation beginnt (vom Skalp nicht immer abzuleiten)	Lokale kontralaterale Entladung

1. Mit motorischen Symptomen
    a) Fokal motorisch ohne March
    b) Fokal motorisch mit March (Jackson-Anfälle)
    c) Versiv-Anfälle
    d) Haltungsanfälle
    e) Phonatorisch (Vokalisation oder Sprechhemmung)
  2. Mit sensiblen oder sensorischen Symptomen (einfache Halluzinationen wie Kribbeln, Lichtblitze, Summen)
    a) Sensibel
    b) Visuell
    c) Auditiv
    d) Olfaktorisch
    e) Gustatorisch
    f) Vertiginös
  3. Mit vegetativen Symptomen (z. B. epigastrisches Gefühl, Blässe, Schweißausbruch, Erröten, Piloarrektion, Mydriasis)
  4. Mit psychischen Symptomen (Störungen höherer kortikaler Funktionen). Solche Symptome treten selten ohne Bewußtseinsstörung auf und finden sich viel häufiger in komplex partiellen Anfällen
    a) Aphasisch
    b) Dysmnestisch (z. B. Déjàvu)
    c) Kognitiv (z. B. Dreamy state, Zeitsinnstörung)
    d) Affektiv (Angst, Ärger usw.)
    e) Illusionen (z. B. Makropsie)
    f) Strukturierte Halluzinationen (z. B. Musik, Szenen)		

Tab. 1. (Fortsetzung)

Klinischer Anfallstyp	Iktuale EEG-Charakteristik	Interiktuale EEG-Charakteristik

B. Komplex partielle Anfälle (mit Bewußtseinsstörung; können manchmal mit einfach fokaler Symptomatik beginnen)
 	
  1. Einfach fokaler Beginn mit nachfolgender Bewußtseinsstörung
    a) Nur mit einfach fokalen Merkmalen (A.1–A.4)
    b) Mit Automatismen
  2. Mit Bewußtseinsstörung von Anfang an
    a) Nur mit Bewußtseinsstörung
    b) Mit Automatismen
	Einseitige oder häufig beidseitige Entladung, diffus oder fokal in den temporalen oder fronto-temporalen Regionen	Einseitiger oder beidseitiger, gewöhnlich asynchroner Fokus; üblicherweise in den temporalen oder frontalen Regionen

C. Partielle Anfälle mit Entwicklung zu sekundär generalisierten Anfällen (diese können generalisiert tonisch-klonisch, tonisch oder klonisch sein)
  1. Einfach partielle Anfälle mit Entwicklung zu generalisierten Anfällen
  2. Komplex partielle Anfälle mit Entwicklung zu generalisierten Anfällen
  3. Einfach partielle Anfälle, die sich über komplex partielle zu generalisierten Anfällen entwickeln
	Die oben genannten Entladungen werden sekundär rasch generalisiert	

Generalisierte Anfälle (konvulsiv oder nicht konvulsiv)

Klinischer Anfallstyp	Iktuale EEG-Charakteristik	Interiktuale EEG-Charakteristik

A. 1. Absencen
    a) Nur Bewußtseinsstörung
    b) Mit milden klonischen Komponenten
    c) Mit atonischen Komponenten
    d) Mit tonischen Komponenten
    e) Mit Automatismen
    f) Mit vegetativen Komponenten
    (b–f können allein oder in Kombination auftreten)
	Gewöhnlich reguläre und symmetrische 3/s oder auch 2–4/s Spike-and-slow-wave-Komplexe, evtl. Poly-spike-and-slow-wave-Komplexe. Die Abnormitäten sind bilateral	Gewöhnlich normale Hintergrundaktivität, wobei paroxysmale Aktivität auftreten kann (wie Spikes oder Spikes-and-slow-wave-Komplexe). Diese Aktivität ist gewöhnlich regelmäßig und symmetrisch

Tab. 1. (Fortsetzung)

Klinischer Anfallstyp	Iktuale EEG-Charakteristik	Interiktuale EEG-Charakteristik
2. Atypische Absencen Möglich sind: a) ausgeprägtere Tonusveränderungen als in A.1, b) kein abrupter Anfang und Schluß	Stärker heterogenes EEG; es kann irreguläre Spike-and-slow-wave-Komplexe einschließen, schnelle Aktivität oder andere paroxysmale Aktivität. Die Abnormitäten sind beidseitig, aber oft irregulär und asymmetrisch	Gewöhnlich abnorme Hintergrundaktivität; die paroxysmale Aktivität (z. B. Spikes oder Spike-and-slow-wave-Komplexe) ist häufig irregulär und asymmetrisch
B. Myoklonische Anfälle, myoklonische Zuckungen (einzeln oder multipel)	Poly-spikes-and-waves, in anderen Fällen Spike-and-wave oder Sharp-and-slow-waves	Wie iktual
C. Klonische Anfälle	Schnelle Aktivität (10/s oder schneller) und langsame Wellen; gelegentlich Spike-and-wave-Muster	Spike-and-wave- oder Poly-spikes-and-wave-Entladungen
D. Tonische Anfälle	Kleinamplitudige schnelle Aktivität oder ein schneller Rhythmus von 9–10/s oder darüber, der in der Frequenz abnimmt und in der Amplitude zunimmt	Mehr oder weniger rhythmische Entladungen von Sharp-and-slow-waves, manchmal asymmetrisch. Die Hintergrundaktivität ist oft nicht altersentsprechend

Nicht klassifizierbare epileptische Anfälle
Dazu zählen alle Anfälle, die aufgrund unzureichender oder unvollständiger Daten nicht klassifiziert werden können sowie einige, deren Klassifikation in den bisher beschriebenen Kategorien nicht möglich ist. Dazu gehören manche Anfälle bei Neugeborenen, z. B. rhythmische Augenbewegungen, Kauen und Schwimmbewegungen.

Addendum
Wiederholte epileptische Anfälle kommen unter mehreren Bedingungen vor:
1. Als zufällige Anfälle, unerwartet und ohne ersichtliche Provokation
2. Als zyklische Anfälle in mehr oder weniger regelmäßigen Intervallen (z. B. mit Beziehung zum Menstruationszyklus oder zum Schlaf-Wach-Zyklus)
3. Als ausgelöste Anfälle durch:
   a) nicht-sensorische Faktoren (Übermüdung, Alkohol, Emotionen usw.)
   oder
   b) sensorische Faktoren, wofür manchmal der Begriff „Reflexanfälle" verwendet wird.

Tab. 2. Internationale Klassifikation der Epilepsien und epileptischen Syndrome. (Modifiziert nach Commission on Classification and Terminology of the International League against Epilepsy 1981; Wolf et al. 1987)

---

1. Lokalisationsbezogene (fokale, lokale, partielle) Epilepsien und Syndrome
   1.1. Idiopathisch mit altersgebundenem Beginn
        Gegenwärtig sind 2 Syndrome anerkannt, denen möglicherweise noch weitere folgen werden:
        – benigne Epilepsie im Kindesalter mit zentrotemporalen Spikes,
        – Epilepsie im Kindesalter mit okzipitalen Spikes.
   1.2. Symptomatisch
        Diese Kategorie umfaßt Syndrome von großer individueller Variabilität, die sich v. a. aus der anatomischen Lokalisation, den klinischen Charakteristika, den Anfallstypen und den ätiologischen Faktoren (soweit bekannt) ergeben.
2. Generalisierte Epilepsien und Syndrome
   2.1. Idiopathisch mit altersgebundenem Beginn (nach dem Erkrankungsalter geordnet)
        – Benigne familiäre Neugeborenenkrämpfe
        – Benigne Neugeborenenkrämpfe
        – Benigne myoklonische Epilepsie des Kleinkindalters
        – Epilepsie mit pyknoleptischen Absencen (Pyknolepsie, Absencenepilepsie des Kindesalters)
        – Juvenile Absencenepilepsie
        – Impulsiv-Petit-mal-Epilepsie (Juvenile myoklonische Epilepsie)
        – Aufwach-Grand-mal-Epilepsie
   2.2. Idiopathisch und/oder symptomatisch (geordnet nach dem Erkrankungsalter)
        – Epilepsie mit Blitz-Nick-Salaam-Krämpfen (West-Syndrom)
        – Lennox-Gastaut-Syndrom
        – Epilepsie mit myoklonisch-astatischen Anfällen
        – Epilepsie mit myoklonischen Absencen
   2.3. Symptomatisch
        2.3.1. Unspezifische Ätiologie
               – Myoklonische Frühenzephalopathie
        2.3.2. Spezifische Syndrome
               2.3.2.1. Epilepsie bei Mißbildungen
                        – Aicardi-Syndrom
                        – Lissenzephalie – Pachygyrie
                        – Phakomatosen
               2.3.2.2. Epilepsie bei nachgewiesenen oder vermuteten angeborenen Stoffwechseldefekten
                        – Manifestation beim Neugeborenen: Nichtketotische Hyperglykämie und D-Glyzeroazidämie
                        – Manifestation beim Kleinkind: Phenylketonurie, Phenylketonurie mit Biopterinmangel, Tay-Sachs-Krankheit und Sandhoff-Krankheit, Zeroidlipofuszinose (frühinfantiler Typ), Pyridoxonabhängigkeit
                        – Manifestation beim Kind: Zeroidlipofuszinose (spätinfantiler Typ), Huntington-Krankheit (infantiler Typ)
                        – Manifestation in Kindheit und Jugendalter: Morbus Gaucher (juvenile Form), Zeroidlipofuszinose (juveniler Typ), Myoklonusepilepsie (Lafora-Typ), Myoklonusepilepsie (Typ Lundborg), Dyssynergia cerebellaris myoclonica (Ramsay-Hunt-Syndrom), Cherry-red-spot- und Myoklonussyndrom
                        – Manifestation beim Erwachsenen: Kufs-Syndrom

Tab. 2. (Fortsetzung)

3. Epilepsien und Syndrome, die nicht als fokal oder generalisiert bestimmbar sind
   3.1. Mit sowohl generalisierten als auch fokalen Anfällen
      – Neugeborenenkrämpfe
      – Schwere myoklonische Epilepsie des Kleinkindesalters
      – Epilepsie mit anhaltenden Spike-wave-Entladungen im synchronisierten Schlaf
      – Aphasie-Epilepsie-Syndrom (Landau-Kleffner-Syndrom)
   3.2. Ohne eindeutige generalisierte oder fokale Zeichen
      Hierher gehören alle Fälle mit generalisierten tonisch-klonischen Anfällen, bei denen klinische und EEG-Befunde eine klare Klassifikation als generalisiert oder lokalisationsbezogen nicht erlauben, wie viele Fälle von Schlaf-Grand-mal.

4. Spezielle Syndrome
   4.1. Gelegenheitsanfälle
      – Fieberkrämpfe
      – Anfälle bei anderen identifizierbaren Situationen, wie Streß, hormonellen Veränderungen, Medikamentengabe, Alkohol oder Schlafentzug
   4.2. Einzelne anscheinend unprovozierte epileptische Ereignisse („Oligoepilepsien")
   4.3. Epilepsien mit speziellen Formen der Anfallsauslösung
   4.4. Chronisch progrediente Epilepsia partialis continua des Kindesalters

Tab. 3. Vergleich der in Deutschland üblichen Nomenklatur mit der internationalen Klassifikation

Deutsche Nomenklatur	Internationale Klassifikation
Fokale Anfälle	Fokale, partielle, lokale Anfälle
Motorische Jackson-Anfälle	Einfach partielle Anfälle mit motorischen Symptomen mit March
Adversivanfälle (ohne Bewußtseinsstörungen)	Versivanfälle (einfach partielle Anfälle mit motorischen Symptomen mit Versivbewegungen)
Adersivkrämpfe (mit Bewußtseinsstörungen)	Einfach partieller Anfall mit fokalem Beginn und nachfolgender Bewußtseinsstörung mit Versivbewegung
Isolierte Auren	Einfach oder komplex partielle Anfälle mit sensorischen oder vegetativen oder psychischen Symptomen
Psychomotorische Anfälle	Weitgehend entsprechend den komplex partiellen Anfällen

Tab. 4. Schwächen der internationalen Klassifikation der epileptischen Anfälle

1. Aufnahme psychischer Symptome auch unter die einfach partiellen Anfälle
2. Auch während des Ablaufes von Automatismen kann das Bewußtsein erhalten bleiben, so daß es nicht korrekt ist, diese nur den komplex partiellen Anfällen zuzuordnen.
3. Bei den Absencen werden gleichsam nur Zustände beschrieben, als ob die beschriebenen Begleitphänomene immer von Anfang an vorhanden seien, während ihr Auftreten doch von der Zeitdauer der Absencen abhängig ist (dynamische Abfolge).
4. Es fehlt der Hinweis auf die Differenz der zeitlichen Abfolge der Bewußtseinsstörung (Beginn und Ende) bei komplex partiellen Anfällen (langsam) und Absencen (plötzlich und abrupt).

Literatur

Commission on Classification and Terminology of the International League against Epilepsy (1981) Proposal for revised clinical and electroencephalographic classification of epileptic seizures. Epilepsia 2:489–501

Commission on Classification and Terminology of the International League against Epilepsy (1985) Proposal for classification of the epilepsies. Epilepsia 26:268–278

Kruse R (1968) Das myoklonisch-astatische Petit Mal. Springer, Berlin Heidelberg New York

Poeck (1987) Neurologie, 7. Aufl. Springer, Berlin Heidelberg New York Tokyo

Stefan H (1987) Re-evaluation of the Classification of Epileptic Seizures and Epilepsies. 4th European Congress of Neurophysiology, Amsterdam

Wolf P, Wagner G, Amelung F (Hrsg) (1987) Anfallskrankheiten. Nomenklatur und Klassifikation der Epilepsien, der epileptischen Anfälle und anderer Anfallssyndrome. Springer, Berlin Heidelberg New York Tokyo

Pharmakoresistenz fokaler Anfälle

D. Schmidt

Zu den allgemein akzeptierten Kriterien der Auswahl von Patienten zur prächirurgischen Untersuchung gehört, daß die epileptischen Anfälle durch adäquate Antiepileptikatherapie nicht zu beseitigen sind.

Die Einmütigkeit dieser Forderung darf nicht darüber hinwegtäuschen, daß die Realität von durchaus unterschiedlichen Vorgehensweisen beim präoperativen Nachweis der Pharmakoresistenz fokaler Anfälle geprägt ist. Einzelnen Zentren reicht es aus, daß die Plasmakonzentration der Antiepileptika im sogenannten therapeutischen Bereich liegt oder die Medikamente der 1. Wahl erfolglos verordnet wurden. Andere fordern und praktizieren, daß Medikamente der 1. Wahl bis zur klinisch gerade noch tolerablen Dosis gegeben werden, bevor eine Pharmakoresistenz als belegt gilt (Schmidt 1988). Ein kürzlich erschienenes, sonst ausgezeichnetes Buch über die neurochirurgische Behandlung von Epilepsien mit über 1000 Seiten widmet der Frage der Pharmakoresistenz kein noch so kleines Kapitel (Engel 1987). Woran liegt es, daß die Bestimmung der Pharmakoresistenz so unterschiedlich gehandhabt wird? Zur Beantwortung dieser Frage ist es sinnvoll, sich zunächst das Konzept und die Kriterien der Pharmakoresistenz vor Augen zu führen.

Das Konzept der Pharmakoresistenz

Pharmakoresistenz ist gekennzeichnet durch das weitere Auftreten von Anfällen trotz hochdosierter Behandlung mit einem Antiepileptikum der 1. Wahl. Hochdosiert heißt, daß Nebenwirkungen eine weitere Dosiserhöhung verbieten. Mindestens 2 Antiepileptika der 1. Wahl (z. B. Carbamazepin, Phenytoin) müssen bei fokalen Anfällen in Mono- und Zweiertherapie angewendet worden sein.

Leider sind die Kenntnisse über die Grundlagen der Pharmakoresistenz trotz der unbestritten mangelhaften antiepileptischen Wirksamkeit der derzeit besten Antiepileptika wie Carbamazepin oder Phenytoin bei etwa der Hälfte aller neubehandelten Patienten mit fokalen Epilepsien sehr begrenzt (Schmidt u. Morselli 1986). Insbesondere liegt dies an dem Mangel an geeigneten tierexperimentellen Modellen für pharmakoresistente fokale Epilepsien (Löscher u. Schmidt 1988), an denen in Zukunft die Pathophysiologie der Pharmakoresistenz zu untersuchen sein wird und wodurch hoffentlich neue Antiepileptika für pharmakoresistente fokale Epilepsien gefunden werden.

Angesichts der fehlenden pathophysiologischen Kenntnisse ist die operationalisierte Definition der Pharmakoresistenz sinnvoll. Dazu sind aber eindeutige Kriterien der Pharmakoresistenz nötig, die in der klinischen Praxis unzweideutig und leicht verifizierbar sind.

Kriterien der Pharmakoresistenz müssen meßbare Daten für eine adäquate Pharmakotherapie und die vertretbaren Nebenwirkungen liefern. Eine adäquate Pharmakotherapie besteht in der Auswahl der Antiepileptika der 1. Wahl, die – falls nötig – in der vom Patienten gerade noch wegen der Nebenwirkungen zu tolerierenden Dosis gegeben werden. Eine Pharmakoresistenz wird also erst nach belegtem Versagen einer so definierten Pharmakotherapie anzunehmen sein.

Auswahl der Antiepileptika

Unzweifelhaft sind Carbamazepin und Phenytoin die wirksamsten Antiepileptika für fokale Anfälle (Tabelle 1). Die vorzügliche prospektive Therapiestudie von Mattson et al. (1985) hat dies eindrucksvoll gezeigt. Eine lege artis durchgeführte Pharmakotherapie fokaler Anfälle beginnt mit einer Monotherapie von Carbamazepin oder Phenytoin. Carbamazepin ist Phenytoin bei Patientinnen wegen der kosmetisch belastenden Hypertrichose und Gingivahyperplasie unter Phenytoin vorzuziehen. Der frühere Vorteil von Phenytoin, nämlich die Gabe einer Einmaldosis, kann heute in niedrigen bis mittleren Dosen auch durch Retardpräparate von Carbamazepin erreicht werden. Zudem ist Carbamazepin leichter zu handhaben, da es nicht wie bei Phenytoin bei einer Dosiserhöhung zu exponentiellem Anstieg der Plasmakonzentration und der Gefahr der Intoxikation kommt (Tabelle 2). Andere Antiepileptika zur Erstbehandlung von fokalen Anfällen, wie Phenobarbital und Primidon, sind durch die Untersuchungen von Mattson etwas abgewertet worden. Es zeigte sich, daß speziell zu Beginn der Behandlung unter Primidon häufiger Nebenwirkungen auftraten. Dies mag al-

Tab. 1. Auswahl der Antiepileptika

Art des Anfalls	1. Wahl	2. Wahl	3. Wahl
Fokale Anfälle (einfache oder komplexe fokale Anfälle, fokal eingeleitete tonisch-klonische Anfälle) und sekundär generalisierte tonisch-klonische Anfälle (Grand mal)	Carbamazepin Phenytoin	Phenobarbital Primidon Valproat Clobazam	Mephenytoin Bromide Sultiam Clonazepam Methsuximid

Tab. 2. Praktische klinische Pharmakologie der Antiepileptika

Medikament	Mittlere Dosis mg/die	mg/kg	Mittelschnelle Aufdosierung	Verteilung der Tagesdosis auf einzelne Portionen	Durchschnittliche Plasmakonzentration bei mittlerer Dosis (µg/ml)	Therapeutische Plasma-konzentration (µg/ml)[c]	Toxische Plasma-konzentration (µg/ml)[d]
Carbamazepin	1200	15–20	Alle 3–5 Tage um 1/4 Tablette bis auf 1 Tablette erhöhen, dann alle 3–5 Tage um 1/2 Tablette bis zur wirksamen Enddosis erhöhen	1–4[a]	6	5–7	>8
Phenytoin	300	5–6	Alle 2 Wochen um 1 Tablette erhöhen, ab 4 mg/kg oder 10 µg/ml Plasmakonzentration 1/2 Tablette erhöhen, ab 15 µg/ml in Schritten von 1/4 Tablette erhöhen	1–3	10	10–23	>30
Phenobarbital	200	2–3	Alle 2 Wochen um 1/2–1 Tablette erhöhen	1–2	28	18–38	>40
Primidon	1000	10–15	Wie Carbamazepin	3	11 (Primidon) 35 (Phenobarbital)		
Valproat	1200	15–20	Alle 4–7 Tage um 1 Tablette oder Dragee erhöhen	1–3[b]	60	100	>120

[a] Einmaldosis bei Retardpräparaten möglich

[b] Einmaldosis nur bei Monotherapie in mittleren Dosen

[c] Plasmakonzentrationen, oberhalb deren die Majorität der Patienten anfallsfrei wird oder deutlich weniger Anfälle hat. Bei nicht anfallsfreien Patienten ist daher diese Plasmakonzentration mindestens zu erreichen und individuell so weit anzuheben, bis der Patient anfallsfrei wird, falls nicht unerwünschte Nebenwirkungen eine weitere Dosiserhöhung unmöglich machen. Patienten mit fokalen Anfällen benötigen höhere Plasmakonzentrationen als solche mit ausschließlich tonisch-klonischen Anfällen

[d] Plasmakonzentrationen, oberhalb deren die Zahl der Patienten mit einer Intoxikation deutlich zunimmt, daher erhöhtes Risiko unerwünschter Nebenwirkungen

lerdings an einer zu hohen Einstiegsdosis von Primidon gelegen haben. Primidon war statistisch signifikant weniger gut als Carbamazepin zur Behandlung komplexer fokaler Anfälle geeignet. In diese Beurteilung gingen sowohl Wirksamkeit wie auch Nebenwirkungen ein. Zurückhaltung ist allerdings geboten, was die angeblich deutlicheren kognitiven Störungen unter Phenobarbital im Vergleich etwa zu Carbamazepin angeht. Trotz der massiven Propagation der in diese Richtung gehenden Ergebnisse zeigte eine kürzlich publizierte sehr sorgfältige Untersuchung an vorher unbehandelten Schulkindern mit Epilepsie, daß entgegen allgemeiner Erwartung Phenobarbital nicht häufiger kognitive Störungen verursacht als Carbamazepin. Für Erwachsene liegen derzeit so sorgfältige Untersuchungen noch nicht vor. Trotz dieses Vorbehalts wird man Carbamazepin als Erstmedikament wählen. Das Risiko einer Pharmakotherapie fokaler Anfälle ist sicherlich am höchsten in den ersten Monaten der Behandlung wegen der Überempfindlichkeitsreaktion, die sowohl unter Carbamazepin wie auch unter Phenytoin auftritt. Hier verdienen das seltene, aber vital bedrohliche Stevens-Johnson-Syndrom und das Lyell-Syndrom besondere Beachtung. Diese Risiken der ersten Monate spielen bei der späteren Abwägung des Medikamentenrisikos gegenüber dem Operationsrisiko keine Rolle mehr, da in der Regel länger vorbehandelte Patienten zur Operation kommen. Die Tatsache, daß trotz adäquater Auswahl der Antiepileptika und optimaler Dosierung nur etwa die Hälfte aller Patienten mit komplex fokalen Anfällen mit Medikamenten der ersten Wahl anfallsfrei werden, beleuchtet schlaglichtartig die Notwendigkeit der Entwicklung neuer Antiepileptika, da auch bei großzügigster Auslegung der Operationsindikationen nicht alle Therapieversager der Pharmakotherapie operativ erfolgreich behandelt werden können.

Tab. 3. Doppelstrategie zur Pharmakotherapie schwerbehandelbarer Epilepsien

Phase 1	Dosiserhöhung, falls nötig bis an die Grenze der klinischen Nebenwirkung, um Anfallsfreiheit zu erzielen
Phase 2	Bei Versagen der hohen Dosis Verringerung auf die geringstmögliche Dosis mit möglichst wenigen Nebenwirkungen

Tab. 4. Therapeutische Plasmakonzentration von Phenytoin, Phenobarbital und Carbamazepin

Anfallsdiagnose	Phenytoin (µg/ml)	n =	Phenobarbital (µg/ml)	n =	Carbamazepin (µg/ml)	n =
Generalisierte tonisch-klonische Anfälle	14	28	18	10	5,5	2
Fokale Anfälle mit und ohne sekundäre Generalisierung	23[a]	25	38[b]	6	7,0[b]	7

[a] p < 0,02
[b] p < 0,01

Ist das Medikament ausgewählt, wird die Tagesdosis langsam gesteigert, bis Anfallsfreiheit auftritt oder klinische Nebenwirkungen eine Dosiserhöhung verbieten (Tabelle 3). Dabei ist für fokale Anfälle eine deutlich höhere Plasmakonzentration notwendig als für generalisierte tonisch-klonische Anfälle (Tabelle 4). Zusätzlich bestehen von Patient zu Patient deutliche Unterschiede in der Plasmakonzentration, bei der Anfallsfreiheit erzielt wird. Die Wirksamkeit der Therapie fokaler Anfälle ist trotz einer Dunkelziffer infolge der Amnesie nicht erinnerter komplex fokaler Anfälle anhand eines sorgfältig geführten Anfallskalenders zu erfassen, während die frühzeitige Erkennung klinischer Nebenwirkungen von Carbamazepin oder Phenytoin größere Schwierigkeiten bietet.

Sorgfältige Erfassung klinischer Nebenwirkungen

Empfindliche Frühsymptome klinischer Intoxikationen sind zerebelläre Funktionsstörungen, die durch zerebelläre Augenbewegungsstörungen sowie durch Koordinationsstörungen der Extremitäten, des Standes und des Ganges zu erfassen sind. Zu jeder Konsultation eines Patienten mit einer behandelten Epilepsie gehört daher die Prüfung, ob eine sakkadierte Blickfolge, ein Blickrichtungsnystagmus vorliegt oder der vestibulo-okuläre Reflex beeinträchtigt ist (Tabelle 5). Zusätzlich ist bei Phenytoin auf einen feinschlägigen Tremor zu achten. Akkommodationsstörungen und Doppelbilder können ebenfalls Frühsymptome einer Intoxikation mit Carbamazepin oder Phenytoin sein. Unter Carbamazepin können Farbsinnstörungen auftreten, speziell Blausinnstörungen. Liegen klinische Nebenwirkungen vor, ist bei Weiterbestehen von Anfällen eine Pharmakoresistenz nachgewiesen. Eine Weiterbehandlung ohne Dosisreduktion trotz Auftreten zerebellärer Funktionsstörungen unter Phenytoin kann zu irreversiblen persi-

Tab. 5. Häufige dosisabhängige, reversible, in der Regel nicht bedrohliche Nebenwirkungen von Antiepileptika

Medikament	Nebenwirkungen
Carbamazepin	Schwindel, Müdigkeit, Verschwommensehen, Übelkeit, Erbrechen, Nystagmus, Ataxie
Clonazepam	Müdigkeit, Gereiztheit, Appetitlosigkeit, Nystagmus, Ataxie, Verlangsamung, vermehrter Speichelfluß, vermehrte Bronchialsekretion
Phenobarbital	Müdigkeit, Schwindel, Nystagmus, Ataxie, Schlaflosigkeit, Verlangsamung, Verhaltensstörung bei Kindern, Dupuytren-Kontraktur, Schulter-Hand-Syndrom
Phenytoin	Tremor, Verschwommensehen, Nystagmus, Ataxie, Müdigkeit, bulbäre Dysarthrie, Gingivahyperplasie, Hypertrichose
Primidon	Bei schneller initialer Dosiserhöhung Schwindel, Übelkeit, Nachlassen der Libido; sonst wie Phenobarbital
Valproat	Appetit- und Gewichtszunahme, vorübergehender Haarausfall, Schläfrigkeit, Tremor, selten Koagulopathie, Thrombozytopenie

stierenden zerebellären Funktionsstörungen führen und ist daher möglichst zu vermeiden. Eine Weiterrezeptierung ohne neurologische Untersuchung und ohne Kontrolle der Plasmakonzentration ist keinesfalls ausreichend. Nach neueren Daten können bereits bei Plasmakonzentrationen von 7 µg/ml Phenytoin neurologische Funktionsstörungen beobachtet werden. Eine besondere Schwierigkeit entsteht durch eine gelegentlich auftretende externe Ophthalmoplegie, die die Prüfung des Blickrichtungsnystagmus und der sakkadierten Blickfolge erschwert. Fälschlich wird dann angenommen, es liege kein Blickrichtungsnystagmus vor. Neben diesen häufigen zerebellären Augenbewegungsstörungen sind in Primärposition der Augen selten vestibuläre okulomotorische Störungen in Form eines Down-beat-Nystagmus, eines Up-beat-Nystagmus sowie eines alternierenden Pendelnystagmus zu beobachten. Jeder Arzt, der Patienten mit Epilepsien medikamentös behandelt, sollte diese Erstsymptome von Intoxikationen kennen. Die nun getroffene Definition von Pharmakoresistenz besteht also im Auftreten von Anfällen trotz einer Monotherapie, die bereits zu klinischen Nebenwirkungen führt. Sie ist keinesfalls mißzuverstehen als eine Empfehlung, derartig hohe Dosierungen bei erfolgloser Therapie, d. h. Fortbestehen von Anfällen, beizubehalten. Ist die Pharmakoresistenz belegt, so wird auf jeden Fall die Dosis des Medikamentes reduziert, bis keine klinischen Nebenwirkungen mehr auftreten und, falls möglich, noch weiter reduziert, falls ein deutlicher Anstieg der Anfallsfrequenz dies nicht vereitelt.

Diese Definition von Pharmakoresistenz ist nicht nur von Bedeutung, weil sie belegt, daß tatsächlich eine Pharmakotherapie trotz hoher Dosierung nicht erfolgreich ist, sondern auch weil sie vermeintliche Therapieversager infolge Nichteinnahme der verordneten Dosis (Non-compliance) erfaßt (Schmidt u. Leppik 1988). Non-compliance ist ein wesentlicher Grund für vermeintliches Therapieversagen (Tabelle 6) (Schmidt et al. 1988).

Tab. 6. Ursachen einer erfolglosen Vorbehandlung

1. Non-compliance, d. h. Nichteinnahme verordneter Medikamente und fehlende Bereitschaft, auf anfallsauslösende Lebensführung zu verzichten
2. Unterdosierung des Medikaments
3. Nicht optimale Auswahl des Medikaments
4. Ungeschickte Kombination von Medikamenten mit pharmakologischer Interaktion
5. Anfallsauslöser wie Streß, Schlafmangel, Alkohol
6. Irrtümer bei der Klassifikation epileptischer Anfälle, z. B. Verwechslung von Absencen mit komplexen fokalen Anfällen
7. Falsch diagnostizierte nicht-epileptische Anfälle
8. Nicht erkannte neurochirurgisch behandelbare symptomatische Epilepsien bei Astrozytom, Oligodendrogliom oder Hamartom, speziell im Temporal- oder Frontallappen
9. Krankheitsfaktoren, wie hohe Zahl von Anfällen, lange Dauer der Epilepsie, fokale Anfälle, mehrere Arten von Anfällen, psychische oder soziale Störungen, pathologischer psychiatrischer oder neurologischer Befund

Praktisches Vorgehen bei nachgewiesener Pharmakoresistenz

Ausführliche – auch eigene – Untersuchungen zeigen, daß der Austausch mit einem anderen Medikament wie Carbamazepin, Phenytoin, Phenobarbital oder Primidon, ein wertvolles Therapieverfahren ist, das bei etwa 12% der pharmakoresistenten Patienten zu Anfallsfreiheit führt. Die Bedeutung dieser Befunde liegt auch darin, daß es offenbar Untergruppen innerhalb der Patienten mit komplex fokalen Anfällen gibt, die auf unterschiedliche Medikamente der 1. Wahl ansprechen. Leider fehlen noch systematische Untersuchungen zu dieser Frage, insbesondere ob sich Prädiktoren für die Wirkung einzelner Medikamente der 1. Wahl finden lassen. Man wird also die Dosis des Erstmedikaments verringern, bis die Nebenwirkungen verschwinden, und wird versuchen, so weit die Dosis zu senken, bis ein Anstieg der Anfallsfrequenz limitierend wirkt. Zur raschen Beurteilung der Änderung der Anfallsfrequenz kann eine Sequenzanalyse beitragen.

Zusätzlich zu dem Erstmedikament in verminderter Dosis wird das Zweitmedikament mit allmählich steigender Dosierung gegeben (Abb. 1). Zu beachten sind dabei das Intervall bis zum Erreichen der neuen Steady-State-Konzentration, das von der biologischen Halbwertszeit der jeweiligen Medikamente (s. Tabelle 3) abhängig ist, sowie relevante Interaktionen zwischen den Medikamenten. Bei Zugabe des Zweitmedikaments kommt es bei 81% der Patienten zum Abfall der Plasmakonzentration des 1. Medikaments, das sich auf die zusätzliche therapeutische Wirkung des Medikaments ungünstig auswirkt, da dieser Abfall durch das 2. Medikament erst einmal ausgeglichen werden muß. Wird der Patient anfallsfrei, so wird zunächst 3–6 Monate lang die Zweiertherapie, unter der er anfallsfrei wurde, beibehalten. Dann wird mit ausdrücklichem Einverständnis des Patienten allmählich die Dosis des Erstmedikaments reduziert. Treten erneut Anfälle auf, wird das Zweitmedikament in der Dosis erhöht. Ist dies nicht erfolgreich, so ist die Austauschtherapie nicht möglich und eine Zweiertherapie ist für diesen Patienten optimal.

Wie häufig tatsächlich eine Zweiertherapie erfolgreich ist, ist in den letzten Jahren wiederholt untersucht worden. Bei 11–13% der Patienten, die unter Monotherapie noch fokale Anfälle hatten, führte eine Zweittherapie zur Anfallsfreiheit. Dies gilt sowohl für vorher unbehandelte wie für chronische Epilepsien. Daher ist für die überwiegende Zahl der Patienten eine Zweiertherapie nicht sinnvoll, d. h. das 2. Medikament ist überflüssig. In keiner Untersuchung ergaben sich in den klinischen Daten Unterschiede zwischen den Patienten mit gutem oder schlechten Therapieerfolg nach Zugabe eines Zweitmedikaments. Daher ist der therapeutische Nutzen des Einsatzes eines Zweitmedikaments nicht für den einzelnen Patienten vorhersagbar, weshalb eine Zweiertherapie von vornherein vermieden werden sollte. Bislang liegen keine randomisierten Untersuchungen vor, welches der Zweitmedikamente besonders erfolgreich ist.

Die Auswahl des Zweitmedikaments für Therapieversager unter Monotherapie ist daher weitgehend durch empirische Untersuchungen bestimmt. Eine weitere theoretisch plausible, in der klinischen Praxis aber noch nicht bewiesene Überlegung besteht darin, Medikamente mit unterschiedlichem Wirkungsmechanismus zu kombinieren. Dabei gilt, daß Phenytoin und Carbamazepin durch eine Ver-

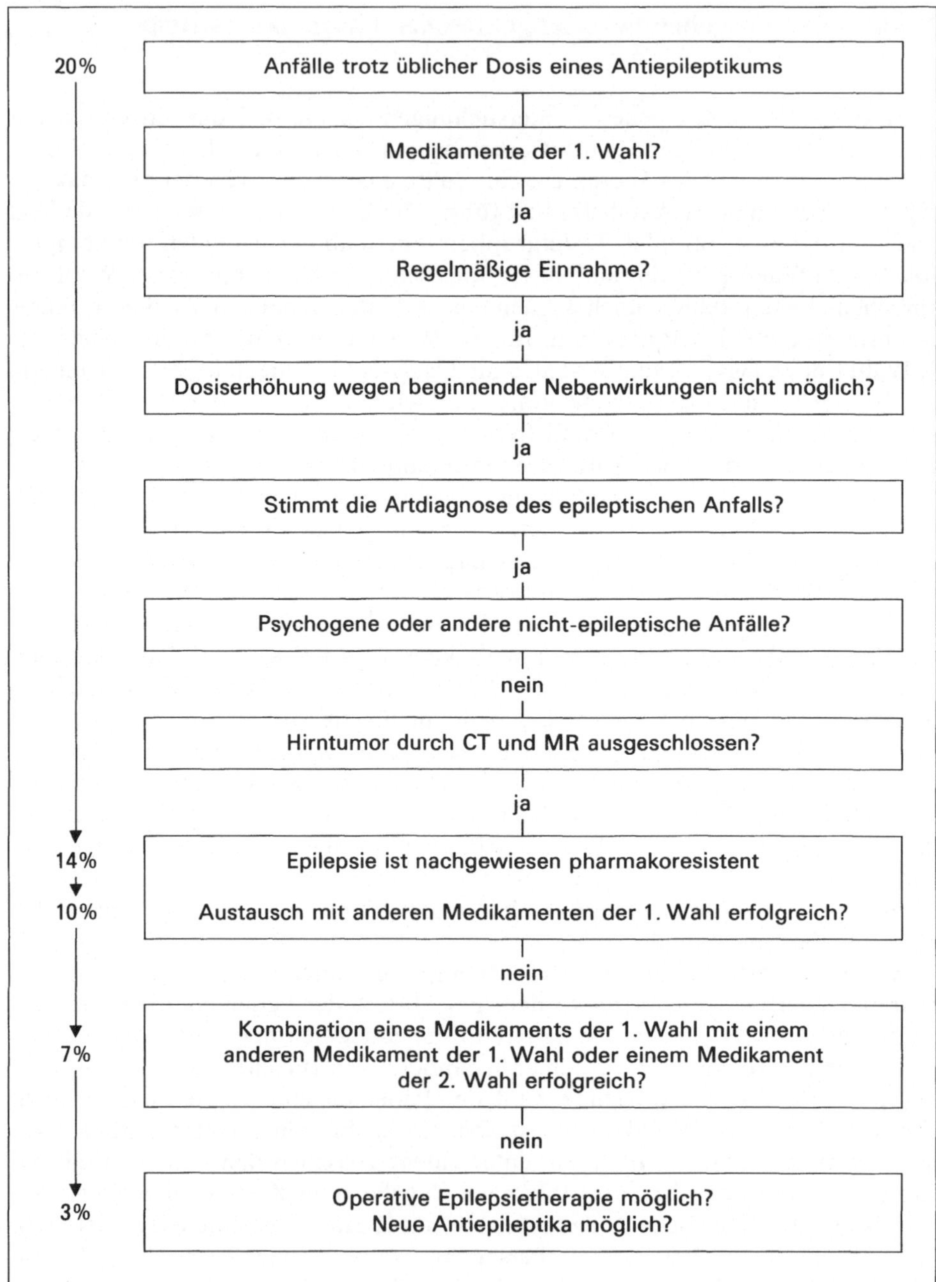

Abb. 1. Vorgehen bei erfolglos vorbehandelter Epilepsie (Aus Schmidt 1988). 20% aller Patienten mit fokalen Anfällen werden trotz üblicher Dosis eines Antiepileptikums nicht anfallsfrei. Bei 3%, also etwa bei jedem sechsten Patienten, ist zu prüfen, ob eine operative Behandlung indiziert ist

ringerung nichtsynaptischer repetitiver Neuronenentladungen wirken, während Phenobarbital, Valproat und Benzodiazepine durch eine Verstärkung der GABAergen synaptischen Inhibition ihre Wirkung entfalten. Demnach wäre die Kombination von Carbamazepin oder Phenytoin ungünstig, die mit Phenobarbital, Valproat oder Benzodiazepinen günstig.

Die Zugabe von Medikamenten der 2. Wahl ist noch nicht ausreichend durch prospektive Therapiestudien geprüft, wie sie in den Richtlinien für die klinische Prüfung von Antiepileptika dargelegt wurden. Geht man nach dem oben genannten Gesichtspunkt der Kombination von Präparaten mit unterschiedlichen Wirkungsmechanismus aus, so wäre eine Kombination von Carbamazepin oder Phenytoin mit GABAergen Medikamenten wie Benzodiazepin, z. B. Clobazam oder Valproat, besonders vorteilhaft. In der Tat zeigen eigene, mehrfach bestätigte Ergebnisse, daß die Zugabe von Clobazam eine deutlich antiepileptische Wirkung hat (s. Tabelle 1). Schwierigkeiten der Clobazamtherapie, wie Toleranz, Sedation und Entzugssymptome, sind aber noch nicht ausgeräumt. Die intermittierende Gabe von Clobazam kann möglicherweise die Toleranzentwicklung senken.

Die Zugabe von Valproat veringert die Zahl generalisierter tonisch-klonischer Anfälle, nicht aber die komplexer fokaler Anfälle, was möglicherweise bedeutet, daß der Wirkungsmechanismus von Valproat für generalisierte Anfälle nicht identisch ist mit dem für fokale Anfälle. Eine solche Überlegung ist jedoch noch nicht experimentell untersucht worden.

Die Zahl der Medikamente der 2. Wahl ist groß. Gut geprüft sind wenige, z. B. Methsuximid. Nachteile haben alle, seien es Interaktionen, wie bei Methsuximid oder Sultiam, oder rasch nachlassende Wirkung, wie bei den Benzodiazepinen (s. Tabelle 1).

Medikamente der 3. Wahl sind solche, die eine ähnlich geringe Wirkung wie Medikamente der 2. Wahl haben, aber als zusätzliches Handikap noch schwerwiegende Nebenwirkungen aufweisen, wie aplastische Anämie (Mephenytoin), Akne oder schwerwiegende Sedation (Bromide). Dennoch sind die Medikamente der 3. Wahl in der Hand Erfahrener häufig eine wirksame Ultima ratio. Die Medikamente der 2. und noch mehr die der 3. Wahl gehören in die Hände von Spezialisten. Angesichts der zahlreichen Vorschläge, wie Pharmakoresistenz zu ermitteln und durch Zugabe weiterer Medikamente bei einigen Patienten zu überwinden ist, fragt man sich, wie lange es dauert, bis im Einzelfall von der Pharmakoresistenz der fokalen Epilepsie auszugehen ist.

Wie rasch kann Pharmakoresistenz bestimmt werden?

Nach den genannten Kriterien für Pharmakoresistenz ist eine Monotherapie mit Carbamazepin, gefolgt, falls nötig, von der Zugabe von Phenytoin oder Phenobarbital oder Clobazam, notwendig. Für jedes dieser Therapieverfahren ist ein Zeitraum von je 6 Monaten ausreichend, so daß spätestens 2 Jahre nach Beginn der medikamentösen Behandlung die Pharmakoresistenz etabliert sein kann. Zur Zeit wird die Pharmakoresistenz häufig leider erst nach 5–20 Jahren erfolgloser protrahierter medikamentöser Therapie erfaßt, was in jedem Falle ungünstig ist. Handelt es sich um eine operable fokale Epilepsie, so wird unnötig Zeit bis zur Operation versäumt. Dies ist aus mehreren Gründen nicht vorteilhaft. Die Resultate der operativen Therapie sind um so besser, je früher die Patienten mit pharmakoresistenten Anfällen operiert werden. Die Entwicklung multifokaler Epilepsien wird verringert. Die unnötige jahrzehntelange Exposition mit hochdosierten Antiepileptika wird vermieden. Handelt es sich um eine fokale Epilepsie, die einer operativen Therapie nicht zugänglich ist, ist ebenfalls die lange Verzögerung der Diagnose der Pharmakoresistenz ungünstig. Liegt eine Pharmakoresistenz vor und ist eine operative Therapie nicht möglich, so besteht die optimale medikamentöse Behandlung in der allmählichen Reduzierung der Zahl der Medikamente auf eine Monotherapie mit dem individuell am besten verträglichen Medikament und in einer Reduzierung der Dosis, die die Anfallsfrequenz nicht wesentlich erhöht. Ein verhängnisvolles Mißverständnis besteht darin anzunehmen, daß bei nachweislich pharmakoresistenten Patienten eine hochdosierte Antiepileptikatherapie jahrzehntelang weitergeführt werden soll. Das Gegenteil ist richtig. In einer 1. Phase der medikamentösen Behandlung wird, falls nötig, zur Anfallsfreiheit die maximal tolerable Dosis in Monotherapie gegeben. Erweist sich die Epilepsie jedoch als pharmakoresistent, so wird in einer 2. Phase die niedrigste von den Anfällen her vertretbare Dosis des individuell am besten verträglichen und in der Retrospektive relativ wirksamsten Medikamentes gegeben. Dies ist unbedingt zu empfehlen, um Langzeitschäden der Antiepileptikatherapie zu vermeiden.

Literatur

Engel J (Hrsg) (1987) Neurosurgical management of the epilepsies. Raven Press, New York

Löscher W, Schmidt D (1988) Which animal models should be used in the search for new antiepileptic drugs? A proposal based on experimental and clinical considerations. Epilepsy Res 2:145–181

Mattson RH, Cramer JA, Collins JF et al. (1985) Comparison of carbamazepine, phenobarbital, phenytoin, and primidone in partial and secondarily generalized tonic-clonic seizures. N Engl J Med 313:145–151

Schmidt D (1988) Epilepsien. In: Brandt T, Dichgans J, Diener H (Hrsg) Therapie und Verlauf neurologischer Erkrankungen. Kohlhammer, Stuttgart

Schmidt D, Leppik I (Hrsg) (1988) Compliance in Epilepsy. Epilepsy Res [Suppl 1]

Schmidt D, Morselli PL (Hrsg) (1986) Intractable epilepsy: Experimental and clinical aspects. Raven Press, New York

Schmidt D, Reininghaus R, Winkel R (1988) Relevance of poor compliance for seizure control. In: Schmidt D, Leppik I (Hrsg) Compliance in Epilepsy (Hrsg), Elsevier, Amsterdam

Auswahl der Patienten für die operative Epilepsiebehandlung

F. Andermann

„Der wichtigste Aspekt bei der Untersuchung eines epileptischen Anfalls ist sein Beginn … niemand kann die Schwierigkeiten bei der Auffindung einer auslösenden Läsion freimütiger zugeben, als ich …", schrieb Hughlings Jackson 1873 (Zit. nach McNaughton u. Rassmussen 1975).

Da zu jener Zeit keine wirksamere Behandlung bekannt war, bestand der logische nächste Schritt, das Problem zu lösen, darin, die auslösende Läsion zu entfernen. Im Jahre 1886 erforschte Victor Horsley klinische Anfallsmuster bei Patienten mit kortikalen fokalen Epilepsien. Durch elektrische Stimulation wurden Anfälle reproduziert, und es wurde gezeigt, daß die Anfälle bei nachfolgender Entfernung des Areals verschwanden.

Diese Arbeit wurde von Ottfried Foerster fortgeführt. Im Jahre 1928 fuhr Wilder Penfield nach Breslau, um dort mit ihm zu arbeiten. Die daraus folgenden Erfahrungen wurden 1954 von Penfield u. Jasper in der Arbeit *Epilepsy and the Functional Anatomy of the Human Brain* zusammengefaßt.

Im letzten Vierteljahrhundert gab es in der Behandlung der Epilepsien große Fortschritte. Bessere Medikamente stehen zur Verfügung, und das Aufkommen der Neuropharmakologie sowie das Blutspiegelmonitoring haben eine beträchtliche Verbesserung im Umgang mit antiepileptischen Medikamenten zur Folge gehabt. Das öffentliche Bewußtsein und das Verständnis für Epilepsie sind wesentlich gewachsen. Patienten und ihre Familien sind heute nicht länger bereit, die ständige Wiederholung unkontrollierter epileptischer Anfälle ergeben hinzunehmen. Eine wachsende Anzahl von Neurologen, die sich auf die Behandlung von Epilepsien spezialisiert haben, stehen heute in medizinischen Zentren zur Verfügung. Hier werden u.a. auch Patienten betreut, deren Epilepsien nicht durch medikamentöse Behandlung kontrolliert werden. Diese Tatsache wiederum hat zu einem stark anwachsendem Interesse seitens der Ärzte, der Patienten und ihrer Familien an der operativen Behandlung als alternativer Möglichkeit geführt.

In den letzten Jahren wurden die Indikatoren für die operative Epilepsiebehandlung von Falconer (1973), Walker (1974), McNaughton u. Rasmussen (1975), Green (1977), Jensen (1977), Glaser (1980), Delgado-Escueta et al. (1983) und von Ward (1983) neu überprüft. Alle sind sich darüber einig, daß folgende Kriterien besonders wichtig sind:

- Fehlschlag einer gründlichen Antiepileptikamedikation und

– Anfälle fokalen Ursprungs in einem Gehirnareal, das entfernt werden kann, ohne daß daraus ein signifikanter neurologischer Nachteil entstünde.

McNaughton u. Rasmussen schrieben 1975: „Der wichtigest Faktor in der Bestimmung über Erfolg oder Mißerfolg bei der operativen Epilepsiebehandlung und der Reduktion der Anfallstendenz ist ohne Zweifel die richtige Auswahl der Patienten."

Wer sollte untersucht werden und warum?

Patienten mit unkontrollierten Anfällen

Daß bei Epilepsiebeginn nur wenige Untersuchungen durchgeführt waren und sich die gründlicheren Studien auf diejenigen Patienten konzentrierten, deren Anfälle nicht zu kontrollieren waren, wurde früher ohne weiteres hingenommen. Verbesserungen der bildgebenden Diagnostik, dem Intensivmonitoring und dem wachsenden Bedarf an Information haben zu dem Trend geführt, Patienten bereits kurz nach der ersten Anfallsmanifestation genauer zu untersuchungen. Eine ausführliche Untersuchung ist obligatorisch, wenn Anfälle unkontrolliert bleiben. Insbesondere erfordert ein Krankheitsverlauf mit partiellen Anfällen oder einer fokalen Konponente mit partiellen Anfällen oder einer fokalen Komponente gründlichere Klärung.

Die genaue Identifikation des Epilepsietyps ist Voraussetzung für die Bestimmung der optimalen medizinischen Behandlung. Solange ein Patient antiepileptische Medikamente erhält, kann häufig keine zufriedenstellende elektroklinische Untersuchung erfolgen. Ein Krankenhausaufenthalt mit wiederholten EEG-Aufzeichnungen und langsamer Medikamentenreduktion sind i. allg. Bedingung dafür.

Unerwartete strukturelle Läsion und ihre prognostische Bedeutung

Neue bildgebende Verfahren haben zur wachsenen Erkenntnis über unerwartere strukturelle Läsionen, wie z. T. kleine Tumore, Harmartome, Gangliogliome und kalzifizierte kavernöse Hämangiome, geführt. Die Anfälle sind meistens medikamentös unkontrollierbar, wenn diese Läsionen epileptogen sind. Die operative Entfernung des epileptogenen Areals läuft bei der Mehrzahl der Patienten auf eine hervorragende Anfallskontrolle hinaus, insbesondere wenn die Läsion bei der Entfernung mit einbezogen werden kann (Falconer 1973a).

Wie schwer muß die Epilepsie sein?

Das Auftreten von Anfällen ist beängstigend, und die Gewöhnung an eine neue Behinderung ist schwer, aber es ist dennoch nicht ratsam, die operative Epilepsiebehandlung zu früh in Erwägung zu ziehen, es sei denn, es wird eine Läsion gefunden, die an sich einen operativen Eingriff erfordert. Es existiert die Möglichkeit einer spontanen Verbesserung der Anfallstendenz, und einige Patienten mit einer Temporalhirnepilepsie haben eine auf Medikamente ansprechende gutartige Verlaufsform dieser Krankheit. Es sollte also ein gründlicher Versuch gemacht werden, die wichtigsten Antikonvulsiva der 1. Wahl, wie Carbamazepin, Phenytoin und Primidon in Höchstdosen bis zum Auftreten von Nebenwirkungen, zu verabreichen. Nebenwirkungen sollten vor ihrem Eintritt genau geklärt werden. Es ist fraglich, ob ein besonderes Medikament wirkungsvoller ist als ein anderes in hohen Dosen, aber es lohnt sich, diese Medikamente systematisch auszuprobieren. Die Verabreichung solcher Medikamente, wie Valproinsäure, Benzodiazepine und Succinimide, in Verbindung mit 2–3 Medikamenten der 1. Wahl sollte versucht werden – nach genauer Diskussion der möglichen Vorteile und Nebenwirkungen.

Neurophsychologische Studien sind ein wesentlicher Teil der Untersuchungen (Taylor 1979). Eltern und Patienten sind sehr beunruhigt über die möglichen Folgen wiederkehrender Anfälle, und diese Frage ist ein vorrangiges Thema in der gegenwärtigen neurologischen Debatte hinsichtlich der Operationsindikation. Es gibt keine Alternative für die frühzeitige Bewertung verschiedener Aspekte der Erkenntnisfunktionen, wie allgemeine Intelligenz, verbales und visuospatiales Gedächtnis sowie Funktionen der spezifischen Gehinregionen, die beim Anfallstyp des Patienten relevant sind. Beeinträchtigung dieser Testergebnisse durch antiepileptische Medikamente müssen berücksichtigt werden, aber die Beeinflussung der Testergebnisse, mit denen die lokalisierte Funktion festgestellt wird, bleibt wahrscheinlich gering, solange das Niveau der Medikation nicht toxisch ist. Studien über intellektuelle Verschlechterung ergeben brauchbare Hinweise bei der klinischen Beurteilung, inwieweit das „Anfallsproblem" für einen Patienten psychopathologisch „maligne" ist.

Bewußtseinsbeeinträchtigung während des Anfalls

Es gibt verschiedene Reaktionsmöglichkeiten auf Antiepileptika bei partiellen Anfällen. Bei manchen Patienten mit Temporalhirnepilepsien werden sowohl die großen als auch die kleinen Attacken vollständig durch Medikamente kontrolliert, während bei anderen nur die großen Anfälle kontrolliert werden können und die kleineren fortdauern. Manche Anfälle können in bezug auf Anfallsstärke und -häufigkeit soweit reduziert werden, daß nur noch eine leichte Bewußtseinstrübung und Beeinträchtigung der Reaktionsfähigkeit eintritt. Bei anderen Patienten findet eine Beeinträchtigung der Anfälle überhaupt nicht statt, und folglich beschließen manche Patienten, überhaupt keine Antiepileptika einzunehmen. Es ist gewöhnlich nicht geraten, eine operative Behandlung bei Patienten in Erwägung zu ziehen, die während der Anfälle bei Bewußtsein bleiben.

Der Schweregrad von Anfällen, der notwendig ist, um eine Operation zu rechtfertigen, hat sich im letzten halben Jahrhundert allerdings stark erniedrigt. Sterblichkeit und Komplikationen haben zunehmend abgenommen, und die Verbesserung in der Operationstechnik und -strategie hat den Preis, den der Patient für eine bessere Anfallskontrolle zu zahlen hat, verringert. Schwere (sekundär) generalisierte Anfälle oder Sturzattacken sind nicht länger notwendige Voraussetzungen. Anfälle, die das Bewußtsein beeinträchtigen, können heute als schwer genug betrachtet werden, um eine Operation zu rechtfertigen.

Ist die zu erwartende Reduktion der Medikamente allein ausreichend für eine operative Therapie?

Gelegentlich erkundigen sich Patienten und deren Familien über die Möglichkeit einer Operation, wenn zwar die Anfälle unter Kontrolle sind, die medikamentösen Nebenwirkungen jedoch Probleme schaffen. Diese Situation rechtfertigt jedoch noch keine ernsthafte Erwägung einer Operation.

Durch Anfälle hervorgerufene Arbeitsunfähigkeit

Art und Umstände der Anfälle und ihre Auswirkungen auf das Leben der Patienten sind von großer Wichtigkeit. Die soziale Belastung ist bei manchen Anfallstypen größer als bei anderen. Bei der Beurteilung müssen die Ziele und Erwartungen des Patienten, seine Intelligenz einschließlich sozialer Kompetenz und Abhängigkeit und seine Motivation, sein Beruf und das Umfeld seines Lebens zusätzlich zum Anfallsmuster und dessen Häufigkeit berücksichtigt werden. Wenn man Patienten fragt, was sie tun würden, wenn die Anfälle nach einer Operation ganz aufhörten, sagen manche junge ganz spontan „Autofahren". Das erscheint zunächst frivol; wenn man jedoch die Vielzahl der sozialen Auswirkungen, wie Selbstwertgefühl, Akzeptanz und Wertschätzung durch Gleichaltrige bedenkt, ist diese Reaktion nicht verwunderlich. Vor allem besteht die Hoffnung, eine berufliche Stellung halten zu können.

Patienten mit unregelmäßigen Anfällen, aber sich wiederholendem Status

Obwohl einige Anfallsmuster unregelmäßig auftreten, können sie dennoch lebensbedrohend sein und eine wichtige Indikation für die Erwägung einer Operation darstellen. Dieses wird bei Patienten mit einer Neigung zu wiederkehrendem Status oder Serienanfällen besonders deutlich.

Bedeutung von Anamese und Befunden

Anfallsgeschichte aus der Sicht von Patienten und Beobachtern

Besonders nach dem Aufkommen des Video-EEG-Monitorings wurde in den vergangenen Jahren viel über die Unzuverlässigkeit von Schilderungen der Anfallsgeschichte und die Ungenauigkeit von Zeugen, die wiederholt Anfälle beobachteten, berichtet.

Die Beschreibung der frühen Anzeichen ihrer Anfälle bleibt jedoch bei vielen Patienten von unschätzbarem Wert. Sie kann wichtige Hinweise zur Lokalisation des Anfallsbeginns liefern, wie z. B. in temporalen, okzipitalen oder parietalen Strukturen. Wenn der Beweis der Lokalisation mit anderen Untersuchungsergebnissen übereinstimmt, ergibt sich ein wichtiges Indiz zur Frage, ob eine operative Therapie angezeigt ist. Ein stabiles, sich für gewöhnlich nicht veränderndes Anfallsmuster läßt ein einziges, vielleicht gutumschriebenes Areal vermuten. Eine Reihe sich progressiv verändernder epileptischer Symptome ist nicht notwendigerweise ein Beweis für einen Tumor oder für eine progressive zugrunde-liegende Erkrankung, sondern ein solches Muster ist nicht ungewöhnlich bei Patienten, deren Epilepsien z. B. im Temporalhirn lokalisiert sind. Diskrepanzen zwischen klinischen Symptomen und elektrographischer Lokalisation, die sich aus Oberflächenaufzeichnungen ergeben, lassen den Verdacht aufkommen, daß die Anfälle nicht aus den Arealen stammen, die das Oberflächen-EEG vermuten läßt. Derartige Ergebnisse können auf das Vorhandensein einer strukturellen Läsion hinweisen (Sammaritano et al. 1984), oder auf die Entwicklung einer sekundären Epileptogenese (Olivier et al. 1982), und es sollte daher die Anwendung der Tiefenelektroden in Erwägung gezogen werden, damit das Areal des klinischen Anfallsbeginns festgelegt werden kann.

Viele Patienten mit einer langen Anfallsgeschichte sind wiederholt über die Symptome zu Anfallsbeginn befragt worden und haben daher viel über die Symptomatologie von Anfällen gelernt. Diese Tatsache kann ihre Version der Anfallsgeschichte beeinflussen und sie weniger zuverlässig erscheinen lassen. Das Wahrnehmungsvermögen des Patienten und seine Bewußtseinslage während der Anfälle sowie seine Fähigkeit, sich an die Vorgänge während des Anfallsgeschehens zu erinnern und auf diese zu reagieren, sollten geprüft werden und mit den Beobachtungen der Familienmitglieder und anderen Zugen verglichen werden. Das Vorhandensein einer Aura kann angenommen werden, wenn der Patient einen Anfall herannahen spürt.

Bei der Beschreibung verschiedener Anfallstypen muß abgeklärt werden, ob alle auf die gleiche Art beginnen oder schwerwiegende Manifestationen oder Varianten des gleichen Anfallsmusters darstellen. Im Gegensatz hierzu können unterschiedliche Anfallsmuster auf einen geographisch unterschiedlichen Epilepsiemechanismus oder sogar auf multifokale epileptogene Areale hinweisen. Manche Muster, wie z. B. das Gefühl der Vertraut- oder Fremdheit oder eine ungeformte visuelle Hallunization, haben eine hohe Korrelation mit bestimmten zerebralen Lokalisationen, während andere Symptome, wie Dreh- und Haltungsbewegungen, Haltungsanfälle oder bewegungsloses Starren, weniger spezifisch lokalisatorische Bedeutung haben.

In der Diagnose der verschiedenen Epilepsieformen ist die Beschreibung des Anfallsgeschehens durch Beobachter von großer Wichtigkeit, da das Bewußtsein und Erinnungsvermögen des Patienten häufig beeinträchtigt sind. Die ersten sichtbaren Manifestationen eines Anfalls sind besonders wichtig. Andere sachdienliche Beobachtungen betreffen motorische und psychische Symptome, wie z. B. Typ der Automatismen, frühes oder spätes Auftreten von Automatismen und postiktualen Veränderungen. Selbst wenn ein Patient dem Anfallsgeschehen seit vielen Jahren ausgesetzt ist, sind Beschreibungen – wie z. B. von lateralisierter tonischer Aktivität, Automatismen und sogar klonischen Bewegungen – zeitweilig unzuverlässig. Im Gegensatz zum Patienten, der sich seines Erscheinungsbildes und seines Benehmens während der Anfälle nicht bewußt ist, kann die Familie eine bessere Vorstellung von der sozialen Bedeutung der Attacken haben. Ein Vergleich der gewohnten Anfälle des Patienten mit jenen während des Intensiv-Videomonitorings ist daher äußerst wichtig. Anfälle, die nach Medikamentenreduktion auftreten, sind häufig stärker und können sich im Ausnahmefall von den gewöhnlichen Attacken unterscheiden (Engel et al. 1983).

Die Bedeutung epileptischer Symptome

Studien über kortikale Stimulation und Aufzeichnung von Tiefen- und Subduralelektroden haben unser Wissen über das Ausmaß der Spezifität verschiedener epileptischer Symptome und Zeichen vergrößert. Es ist jedoch deutlich geworden, daß diese nicht immer für Lokalisation und Lateralisation von Bedeutung sind und daß in dieser Hinsicht eine ganze Hierarchie von Bedeutungen zu Tage tritt. Obwohl man sich darüber einig ist, daß das ungezwungene Drehen von einer Seite zur anderen keine Aussage auf die Laterisation bedeutet, gibt es z. Z. eine Diskussion über die Bedeutung forcierter Wendebewegungen oder einseitiger klonischer Bewegungen. Lateralisierte automatische Bewegungen könnten sich leicht dem klinisch bedeutenden temporalen Fokus als ipsilateral erweisen. Dies ist jedoch nicht schlüssig allgemeinverbindlich bewiesen. Gesichtszuckungen können kontralateral oder ipsilateral sein und haben daher keinen Wert für die Lateralisation. Experientellen und komplexen halluzinatorischen Phänomenen, ungeformten, visuellen Halluzinationen oder einem „Jacksonian march" können ein sehr hoher Grad an lokalisierender und in manchen Fällen lateralisierender Spezifität zugeschrieben werden. Diese ist von unschätzbarem Wert bei der Identifikation von Patienten mit schwer beeinflußbaren Epilepsien, denen vielleicht durch eine operative Therapie geholfen werden könnte. Epigastrische Aura, Angst, experimentelle Hallunizationen, wie „déja vu" oder „déja vecu" werden häufig bei mediobasalen Temporalhirnepilepsien angetroffen.

Medizinische Aufzeichnungen über frühere Krankenhausaufenthalte, EEGs und andere Studien

Die Erinnerung an bedeutende frühere Geschehnisse im Leben eines Patienten sind oft schemenhaft, und ein Rückblick auf sachdienliche Krankenhausaufzeichnungen kann von Bedeutung sein. Zum Beispiel sind sich Eltern über die Dauer von Fieberkrämpfen nicht im klaren, und es hat sich nach Überprüfung erwiesen, daß solche Konvulsionen von langer Dauer und manchmal von einer Todd-Lähmung gefolgt waren. Solche Diagnosen treten häufig bei Patienten mit hippokampalen Sklerosen und Anfällen, die vom Temporalhirn stammen, auf und haben sowohl lokalisierenden als auch lateralisierenden Wert. Berichte über perinatale Erkrankungen und spätere Krankheiten können ebenfalls sachdienliche und brauchbare Information über die Ätiologie der Epilepsie liefern.

Alle früheren EEG-Aufzeichnungen sollten geprüft werden. Frühere δ-Foci oder epileptische Entladungen können lateralisierende oder lokalisierende Bedeutung haben. Selbst bei Applikation antiepileptischer Medikamente weisen manche Patienten lateralisierte oder lokalisierte epileptische Entladungen auf. Kenntnisse über frühere Ergebnisse von EEG-Serienaufzeichnungen sind bei solchen Patienten wertvoll, besonders wenn später, nach Reduktion antiepileptischer Medikamente, bilateral unabhängige epileptogene Foci gefunden werden.

Neurologische Untersuchung

Die neurologischen Untersuchungsbefunde von Kandidaten, die für die operative Behandlung in Frage kommen, werden oft als normal beschrieben. Viele Patienten, deren Anfallstyp aus dem Temporalhirn stammt, weisen jedoch eine Gesichtsasymmetrie auf. Bei 75% dieser Fälle ist die emotionale Gesichtsbewegung eingeschränkt, und die Mundecke ist auf der gegenüberliegenden Seite vom epileptogenen Fokus heruntergezogen (Remillard et al. 1977). Diese interessante körperliche Erscheinung ist jedoch nicht von zuverlässig lateralisierendem Wert. Ein unerwarteter Gesichtsdefekt, für gewöhnlich auf eine vaskuläre Läsion zurückzuführen, kann ebenfalls bei manchen Patienten, die partiell komplexe Anfallstypen haben, auftreten (Remillard et al. 1977).

Bei Läsionen des postzentralen Gyrus ist die Körperwachstumsasymmetrie, die von einer Geburtsverletzung oder frühkindlichen Hirnschädigung herrührt, am ausgeprägtesten. Sie kann in der Größe der Hand, des Fußes oder sogar der Breite des Daumennagels festgestellt werden. Derartige Wachstumsasymmetrien haben für gewöhnlich lateralisierenden Wert.

Eine infantile Hemiparese kann mit partiellen Anfällen einhergehen, und es ist unmöglich, bei einer neurologischen Untersuchung festzustellen, welches Areal für die Anfälle verantwortlich ist; frontale, temporale, partiale oder multilobäre Anfälle können in dieser Situation auftreten. Patienten, die eine schwere Form von Hemiparese aufweisen, können u. U. Kandidaten für eine funktionell vollständige, aber anatomisch subtotale Hemisphärektomie sein (Rasmussen 1983a). Durch eine Operation sollte kein motorischer Defekt entstehen. Falls präoperativ keine nützlichen Fingerbewegungen vorliegen, sind in der Regel keine weiteren motorischen Defizite durch die Operation zu erwarten, und auch die Gehfähigkeit ist nicht weiter beeinträchtigt.

Radiologische Studien

Da die Größe des Schädels von der Größe des Gehirns abhängig ist, können Läsionen, die bei der Geburt oder im frühen Kindesalter auftreten, zur Entstehung solcher radiologischer Vorkommnisse führen, wie Vergrößerung des frontalen Sinus, Erhöhung der mastoidalen Pyramide, einseitige Abflachung der Schädeldecke oder Verkleinerung der mittleren Schädelgrube. Dies ist abhängig davon, inwieweit die ganze Hemisphäre oder nur eine Gehirnhälfte betroffen ist.

Intrakranielle Kalzifikationen oder alte Frakturen können ebenfalls gefunden werden. Die Arteriographie weist Angiome auf und kann ebenfalls alte Gefäßverschlüsse oder vaskuläre Verengungen im mittleren zerebralen Bereich aufzeigen.

Computertomographie

Von Penfield u. Ward (1948) wurde gezeigt und auch von Falconer et al. (1964) betont, daß kleine, fremde Gewebeteile oder Läsionen nicht selten ein Grund für partielle Epilepsie sind. Das Aufkommen der CT hat eine wahre Explosion bei Erkennung und Nachweis solcher Läsionen mit sich gebracht. Gangliogliome, Hämatome, kalzifizierte Angiome und Areale von Makrogyrien, assoziiert mit fokaler, kortikaler Dysplasie, können auf diese Art aufgezeigt werden. Multiple Kalzifikationen sind nicht allein eine Indikation für Tuberosklerose. Familiäre kavernöse Hämangiome, kalzifizierte, parasitäre Granulome oder biokzipitale, kortikale Kalzifikationen ohne Naevus flammeus werden sichtbar gemacht. Obwohl einige atrophische Veränderungen im oder in der Umgebung des Temporalhirns erkannbar werden können, hat das CT-Scanning für gewöhnlich einen relativ „blinden Punkt" in diesem Areal. Verbesserte Aufzeichnungen von atrophischen Veränderungen wurden bei Gebrauch von koronalen Sektionen und Metrizamiden erbracht. Das Sichtbarwerden dieses wichtigen Areals durch CT bleibt jedoch leider ungenügend.

Neuropsychologische Tests

Viele Patienten sind überrascht, daß psychologische Untersuchungen Teil der präoperativen Erwägungen sind. Sie nehmen an, daß derartige Studien emotionale Störungen implizieren, und sind sich der Rolle, die psychologische Tests bei der Feststellung zerebraler Lokalisation und Funktionsabnormalitäten spielen, nicht bewußt.

Die allgemeine Intelligenz wird durch Anwendung der Wechsler-Intelligenzskala festgelegt. Diskrepanzen zwischen verbalem und Handlungs-IQ weisen auf Fehlfunktionen in der dominanten oder nichtdominanten Hemisphäre hin. Erinnerungstests gehören zum Repertoire anderer gebräuchlicher Untersuchungen, die besonders empfindsam auf Temporalhirnfunktionen reagieren und ein gutes Urteil über dominante, nichtdominate und bilaterale Temporalhirnschäden ermöglichen. Tests des Erinnerungsvermögens erbringen lateralisierende und lokalisierende Informationen sowie Ergebnisse, die genaue Vorstellungen liefern, wieviel von den mesialen Temporalstrukturen sicher entfert werden kann, wenn Verdacht auf kontralaterale Dysfunktion besteht. Neuropsychologische Tests reagieren empfindsam auf abnormale Funktionen der Konvexität der frontalen Kortex. Der Kartensortiertest ist hierfür besonders geeignet.

Sollte genauere Information erforderlich sein, so kann die Funktion mesialer temporaler Strukturen durch eingehendere Tests festgestellt werden. Diese Strukturen werden vorübergehend erst auf einer, dann auf der anderen Seite durch die intrakarotidale Injektion von Natriumamytal inaktiviert. Die Resultate beziehen sich auf die Funktionen der nichtinjizierten Seite.

Intensivmonitoring und Neuroimaging stellen besonders wichtige Aufgabengebiete in der präoperativen Diagnostik dar, auf die in einem besonderen Abschnitt ausführlich eingegangen wird.

Interpretation der Untersuchungsergebnisse

Im Verlauf der verschiedenen Untersuchungsstadien werden dem Patienten und seiner Familie die Resultate des jeweils letzten Schrittes und die Gründe für den nächstfolgenden Schritt erklärt. Aufgrund dieser wiederholten Diskussionen vertieft sich allmählich ihr Wissen und ihr Verständnis der Möglichkeiten und Begrenzungen der operativen und medizinischen Therapie. Ängste und Hoffnungen können dabei in eine realistische Perspektive gerückt werden, falsche Vorstellungen geklärt und die Prognose interpretiert werden. Im Verlauf dieser langwierigen Untersuchungen, die langes Warten auf das elektrographische Beweismaterial – und damit auf die Zusammenarbeit eines großen Teams – mit sich bringt, braucht der Patient viel Unterstützung seitens seiner Familie, des behandelnden Arztes und der Mitarbeiter.

Das Epilepsieproblem sollte möglichst entschlossen angegangen werden, um das „Drehtürsyndrom" zu vermeiden, bei dem der Patient wiederholt zu kurzen Untersuchungsschritten eingewiesen wird.

Zu diesem Zeitpunkt ist es möglich, die Motivation des Patienten zu bewerten, sich evtl. einer irreversiblen Gehirnoperation auszusetzen, sowie seine Fähigkeit, u. U. bei einer längeren Prozedur unter Lokalanästhesie mitzuwirken. Falls der Patient oder seine Familie nicht vollständig davon überzeugt sind, daß durch die operative Behandlung eine entscheidende Reduktion der Anfallstendenz erreicht wird, oder falls sie glauben, daß das Risiko einer Operation zu hoch sei, ist es besser, mit der medikamentösen konservativen Behandlung fortzufahren. Gleichzeitig sollte ihnen die Möglichkeit gegeben werden, das Problem in Abständen mit dem Neurologen, dem Neurochirurgen und dem Neuropsychologen erneut aufzugreifen.

Behandlungsstrategien

Das eigentliche Ziel operativer Epilepsiebehandlung ist es, die Anfallstendenz bis zu dem Punkt zu reduzieren, an dem der Patient frei von Anfällen ist, sei es unter Medikamenteneinnahme oder auch nach Absetzen antiepileptischer Medikamente. Bei den Untersuchungen und dem Behandlungsplan der Operationskandidaten gibt es kein einheitliches Vorgehen. Es können jedoch Ähnlichkeiten zwischen verschiedenen Patientengruppen festgestellt werden, die eine gemeinsame Behandlungsstrategie erfordern.

Indikationen für eine temporale Lobektomie

Bei manchen Patienten weist bereits die klinische Symptomatik auf den Beginn des anfallsgeschehens im Temporalhirn hin. Wenn das Elektroenzephalogramm und bildgebende sowie neuropsychologische Studien in bezug auf Lokalisation und Lateralisation übereinstimmen, sind solche Patienten für die temporale Lobektomie hervorragend geeignet, und die Wahrscheinlichkeit eines guten Resultates ist sehr hoch.

Patienten mit Fremdgewebeläsionen

Eine weitere Gruppe von Patienten, die sehr gut auf die operative Behandlung anspricht, ist jene, die nachweisbare Fremdgewebeläsionen aufweist. Viel hängt hier sowohl von der Lokalisation der Läsion als auch vom epileptogenen Areal ab. Letzteres ist häufig nahe der Läsion und kann nicht ohne Nachweis der EEG-Anomalien und ihrer Verteilung vorausgesagt werden.

Anteriore temporale Läsionen sind kein Porblem, besonders dann nicht, wenn die EEG-Entladungen anterior und inferomesial sind und wenn das klinische Muster dies ebenfalls bestätigt. Mehr posteriore temporale Läsionen führen ebenfalls häufig zu anterioren und inferomesialen EEG-Entladungen, und die Läsionen selbst können sogar dann in der dominanten Hemisphäre zugänglich sein, wenn sie genügend inferior sind. Es kann daher dann sogar gerechtfertigt sein, das am stärksten betroffene epileptogene Areal zu entfernen, wenn die Läsion selbst operativ nicht zugänglich ist, d. h. es kann eine anteriore Lobektomie bei Patienten erfolgen, deren Läsion tief im posterioren und mesialen Bereich des Temporalhirns liegt. Bei solchen Patienten sind jedoch die Ergebnisse nicht so gut, und eine Linderung ihrer Beschwerden ist ein realistischeres Ziel als eine vollständige Anfallskontrolle. Bei anderen Arealen hängt die Strategie sowohl von der Übereinstimmung der klinischen, elektrographischen, bildgebenden und anderen Faktoren ab als auch davon, inwieweit solch ein Areal operativ zugänglich ist.

Extratemporale „Komplikationen"

Patienten mit vorherrschend temporalen klinischen EEG-Mustern können ebenfalls extratemporale Merkmale aufweisen, wie z. B. klonische Bewegungen, lateralisierte anormale Empfindungen und EEG-Veränderungen, die über das Temporalhirn hinausreichen. Weitere Studien, wie z. B. Aufzeichnungen durch Tiefenelektroden oder subduralen Streifenelektroden, können bei der Bestimmung des Anfallsbeginns und der Ausdehnung der Entladungen erforderlich sein. Die temporale Resektion kann das unzugängliche Epilepsieproblem mancher Patienten in eines verwandeln, das auf gängige Antiepileptika anspricht. Es kann auch in solchen Fällen eine gute Anfallskontrolle erzielt werden. Auch extratemporale Epilepsien (z. B. Frontalhirnepilepsie) können effektiv operativ behandelt werden.

Einige Patienten haben frontotemporale oder okzipitotemporale epileptogene Anomalien, bei denen die Lokalisation des Anfallsbeginns jedoch ungewiß bleibt. Patienten mit frontalen oder okzipital-strukturalen Läsionen können vorherrschend temporale epileptische Entladungen aufweisen, verbunden mit einem Anfallsmuster, das keine genauere Lokalisation erlaubt. Implantierte Elektroden und subdurale Streifenelektroden sind bei diesen Patienten zur Klärung geeignet.

Patienten mit Hemiparese

Ein besonderes Problem können Patienten mit Hemiparese darstellen. In der betroffenen Hemisphäre können spileptische Anomalien und strukturelle Schäden sehr ausgedehnt sein, und bei einer Entfernung begrenzter Areale gibt es wenig Hoffnung auf Anfallsfreiheit.

Die Hemisphärektomie ist sehr wirksam bei der Verhinderung von Anfällen. Ein hoher Prozentsatz von Patienten weist jedoch nach einiger Zeit eine zerebrale Hämosiderose und Hydrozephalus auf. Diese Komplikation ist wahrscheinlich auf wiederholte kleinere Blutungen zurückzuführen, die auf einen Mangel an Unterstützung der verbleibenden Hemisphäre im Schädel zurückzuführen sind. In einem Versuch, diese Komplikationen zu verhindern, schlug Rasmussen (1983c) das modifizierte Verfahren einer partiellen, aber funktionell vollständigen Hemisphärektomie vor, bei der die frontalen und/oder okzipitalen Pole vom Rest des Hirns getrennt werden, die Blutversorgung jedoch intakt bleibt (Remillard et al. 1974). Diese Methode führte innerhalb eines Zeitraumes von 10 Jahren nicht zu zerebraler Hämosiderose und ist wirksam bei der Vermeidung von Anfällen.

Eine Steigerung der allgemeinen Intelligenz (ca. 10 IQ-Punkte) und eine beträchtliche Verbesserung des Verhaltens und der Sozialfunktionen konnten für gewöhnlich festgestellt werden. Bilaterale sekundär generalisierte epileptische Entladungen sind keine Kontraindikationen für die operative Behandlung. Wenn aber eindeutig unabhängige epileptische Entladungen oder Anfälle in der „besseren" Hemisphäre entstehen, führt die Hemisphärektomie gewöhnlich zu weniger dramatischen Resultaten, obwohl auch in diesem Fall eine Verbesserung der Anfallstendenz zu erwarten ist. Die zuletzt genannten Patienten sind i. allg.

retardierter und weisen auch sonstige Funktionsstörungen in der kontralateralen Hemisphäre auf.

Funktionelle Hemisphärektomie führt nicht zum Verlust der Gehfähigkeit. Wenn keine brauchbare Fingermotirik vorhanden ist bzw. der Arm nur als Helfer benützt wird, ist kein weiterer Funktionsverlust zu erwarten. Obwohl in der Spastik Fortschritte auftreten können, verbessert sich die Fingermotorik postoperativ nicht. Diese Methode ist häufig der Kallosotomie vorzuziehen, bei der das vollständige Verschwinden der Anfälle der Ausnahmefall ist, während nach Hemisphärektomie über 80% der Patienten anfallsfrei sind und viel mit einer Medikamentenreduktion auskommen bzw. überhaupt keine Medikamente mehr brauchen (Rasmussen 1983a).

Wenn epileptische Entladungen und zerebrale Läsionen lokalisiert sind und eine brauchbare Handmotorik vorhanden ist, können weniger ausgedehnte Resektionen, die mehr als einen Gehirnlappen betreffen, hauptsächlich frontal und temporal oder temporal und okzipital in Erwägung gezogen werden. Die Resultate sind in dieser Situation oft nicht so beeindruckend oder komplett im Vergleich zu jenen, die einer funktionellen Hemisphärektomie folgen.

Bei einem hemiparetischen Patienten weist die Anfallstätigkeit auf einen Beginn im Temporalhirn. Eine temporale Lobektomie kann in solchen Fällen angezeigt sein, um die Anfallstendenz zu vermindern. Einige dieser Patienten weisen kontralateral unabhängige, temporale, epileptische Anomalien auf, die ausgeprägter sein können als auf der Seite der Läsion. Auch kann es im Oberflächen-EEG den Anschein haben, daß Anfälle in der normalen Hemisphäre entstehen. Tiefenelektrodenaufzeichnungen haben erwiesen, daß die Anfallstätigkeit tatsächlich auf der Seite der Läsion einsetzt, aber das geschädigte Gewebe unfähig ist, auf dieser Seite genügend Spannung zu erzeugen (Sammaritano et al. 1984).

Die Kallosotomie bleibt nur ein symptomlinderndes Verfahren, obwohl sie zu wertvollen Verbesserungen in desperaten Situationen führen kann. Soweit klinische, bildgebende, elektrographische und neuropsychologische Kriterien es erlauben, bleibt die Entfernung epileptogenen Gewebes der Kallosotomie vorzuziehen, da dieses eine Hoffnung auf das Verschwinden der Attacken und auf seine Verbessung der Intelligenz und des Verhaltens verspricht. Diese Verbesserung wird wahrscheinlich durch eine Beseitigung der Störung durch die Verhinderung kontinuierlicher epileptogener Entladungen erreicht.

Geistig retardierte Patienten

Praktische und ethische Betrachtungen

Die operative Behandlung ist keine Kontraindikation bei geistig retardierten Patienten, vorausgesetzt natürlich, daß alle gewöhnlichen Kriterien auf eine solche hinweisen. Rasmussen hat seit langem den Standpunkt vertreten, daß sowohl die

Versorgung und die Überwachung von geistig Behinderten als auch ihre Lebensqualität weitgehend verbessert werden können, wenn ihr Anfallsleiden kontrolliert oder verbessert wird. Da nicht mit einer Zusammenarbeit mit dem Patienten gerechnet werden kann, muß die Operation unter leichter Narkose ausgeführt werden, die dennoch eine Lokalisation der Herde durch kortikale Stimulation erlaubt. Bei der Auswahl der in Frage kommenden Patienten haben wir keine Werturteile in bezug auf ihre Intelligenz gefällt. Dieser Ansatz steht im Einklang mit gängien Ansichten über soziale Fragen, besonders jenen, die sich mit den Rechten der Behinderten befassen.

Das Verfahren wird den Patienten so eingehend wie möglich erklärt, und es wird darauf geachtet, den Eltern und Pflegern bewußt zu machen, daß dieses Vorgehen dazu beitragen kann, die Anfallskontrolle zu verbessern, den IQ zu erhöhen und das Verhalten zu normalisieren.

Psychosen und Persönlichkeitsstörungen

Postiktuale psychotische Episoden

Psychotische Störungen sind besonders bei solchen Patienten, die Schübe größerer und kleinerer Temporallappenanfälle aufweisen, nicht ungewöhnlich. Obwohl diese psychotischen Perioden beängstigend sind, so sind sie für gewöhnlich begrenzt und gutartig und keine Kontraindikation für die operative Therapie. Es ist anzuraten, mit einer Operation so lange zu warten, bis diese psychischen Störungen wieder abgeklungen sind.

Auftreten von Persönlichkeitsstörungen

Persönlichkeitsstörungen sind bei Patienten mit partiell komplexen Anfällen nicht ungewöhnlich. Bei jüngeren Patienten, für die diese Störungen relativ neu sind, kann mit einer Verbesserung nach einer Operation gerechnet werden. Wenn diese Störungen jedoch seit langem bestehen, können sie trotz Verbesserung der Anfallstendenz fortdauern.

Bei Patienten, die unter schweren Persönlichkeitsstörungen leiden und deren Anfälle aus beiden Temporallappen stammen, werden manchmal auch dann Operationen ausgeführt, wenn die Anfälle lebensbedrohlich werden oder zu schweren Behinderungen führen. Die Anfallskontrolle wird bei diesen Patienten sehr verbessert oder sie bleiben sogar anfallsfrei, während bei manchen die Persönlichkeitsstörungen nicht weichen und auch neue Verhaltensmuster - meistens Enthemmung - entstehen können. Nur im Ausnahmefall sind diese letzteren von langer Dauer.

Patienten mit andauernder Psychose

Patienten, die eine fixierte oder chronisch-schizophrene Psyhcose haben, die nicht mit der epileptischen Aktivität einherzugehen und zu schwanken scheint, profitieren i. allg. nicht – was ihre Psychose anbelangt – von einer operativen Behandlung (Rasmussen 1983c). Solche Patienten kamen bis jetzt für Operationen nicht in Frage, obwohl man in Erwägung ziehen könnte, ob ihre Lebensqualität durch eine Reduktion der Anfallstendenz nicht verbessert werden könnte.

Man wird häufig von Patienten und deren Familien gefragt, ob denn eine Operation nicht zu einer Psychose führen könnte. Jensen (1977) und Taylor (1972) haben bewiesen, daß sich eine Psychose sogar bei Patienten entwickeln kann, die erfolgreich wegen Temporalhirnepilepsien operiert wurden. Da das Auftreten von Psychosen sowohl bei nicht behandelten als auch bei operativ behandelten Patienten möglich ist, kann man diese Frage nur dahingehend beantworten, daß Risiken in beiden Fällen bestehen.

Der Mechanismus der Psychose bei diesen Patienten hat viele Faktoren, die alle mit der Fehlfunktion des Temporalhirns zusammenhängen. Die Verbindung zwischen dem schizophrenieartigen Verhalten und den Temporallappenstörungen ist aber noch unzureichend erforscht.

Operationsziele

Kontrolle oder Linderung

Sobald die präoperativen Studien abgeschlossen sind, ist es möglich, die Operationsmethoden zu planen. Oft kann man schon voraussagen, ob die Wahrscheinlichkeit einer vollständigen Anfallskontrolle bei Patienten mit einer gut definierten temporalen Anomalie, bei der alle Parameter auf das gleiche, operativ zugängliche Areal deuten, besteht. Bei anderen Patienten ist nur mit einer Linderung ihrer Symptome zu rechnen, wie z. B. bei solchen mit Makrogyrie und fokaler kortikaler Dysplasie (Taylor et al. 1971) oder bei Patienten mit der „forme fruste" von Tuberosklerose, bei denen die postoperative Unterdrückung aller Symptome unwahrscheinlich ist.

Erwartungen der Patienten und ihrer Familien

Die Risiken, Ziele und mögliche Ergebnisse der Operation werden mit dem Patienten und dessen Familie ausführlich besprochen und – wenn nötig wiederholt – diskutiert. Die Wahrscheinlichkeit für Anfallskontrolle, Verbesserung, Mangel an Veränderung und die Möglichkeit einer Verschlechterung werden besonders eingehend erklärt, ebenso Sterbe- und Krankheitsrisiken. Zu diesem Zeitpunkt sollten die Erwartungen des Patienten und seiner Familie erneut im Licht der

Untersuchungsergebnisse und der sich daraus ergebenden Prognose betrachtet werden. Das Ausmaß des Eingriffs hängst jedoch auch vom Befund des Chirurgen und den Entscheidungen zum Zeitpunkt der Operation bzw. unter der Ableitung des Elektrokortikographen ab.

Sehr wichtig ist die Erklärung der präoperativen Diagnostik. Im Verlauf der Jahre haben wir häufig erlebt, daß es bei Patienten und deren Familien zu Mißverständnissen bezüglich der Operationsmöglichkeiten, der Risiken und der Prognosen gab.

Aus dem Gesagten geht hervor, daß sich nicht alle untersuchten Patienten ideal für die operative Therapie eignen und daß es eine Vielzahl möglicher Ergebnisse gibt. Diese Ergebnisse können jedoch vor der Operation nicht genau festgelegt werden. Ein oder zwei Jahre nach der Operation ist eine Voraussage eher möglich (Andermann et al. 1985). Wenn diese Behandlungsmethode nur den Patienten angeboten wird, die höchstwahrscheinlich ausgezeichnete Erfolge aufweisen würden, dann blieben viele Patienten ausgeschlossen, die aus einer operativen Therapie großen Nutzen ziehen könnten, ohne daß jedoch ein vollständiges Aufhören der Anfälle erwartet werden kann.

Zu erwartende Vor- und Nachteile

Häufig werden von Patienten und ihren Familien Fragen über den möglichen Funktionsverlust nach Operationen gestellt. Nach einer anfänglichen postoperativen Verschlechterung ist nach der anterioren temporalen Lobektomie mit einem Ansteigen der allgemeinen Intelligenz um ungefähr 10 Punkte zu rechnen. Diese Tatsache ist auf eine Abnahme der Störungstendenz, die von der epileptogenen Aktivität ausgeht, zurückzuführen. Es kann jedoch ebenfalls zu einer Abnahme des verbalen (Entfernung des Temporallappens der dominanten Hemisphäre), oder des visuspatialen (Entfernen in der nichtdominanten Hemissphäre) Gedächtnisses kommen. Aufmerksame oder introspektive Patienten sind sich dieser Tatsache wohl bewußt. Ein solcher Gedächtnisverlust ist häufig schon vor der Operation vorhanden und kann durch die Entfernung des Temporalhirns verstärkt werden. Die Mehrzahl dieser Patienten erachtet die Verstärkung dieser Beeinträchtigung ihrer Gedächtnisleistung als geringfügig im Vergleich zur Verbesserung ihrer Anfallshäufigkeit und entwickelt Kompensationstechniken, um damit umzugehen. Es ist wichtig, diesen Aspekt der Prognose mit dem Patienten und seiner Familie genau zu besprechen. Wenn die Resektion sehr umfassend ist, kann eine partielle obere Quadrantanopsie auftreten. Subjektiv sind sich die Patienten dessen für gewöhnlich nicht bewußt, funktionell bleiben sie unbeeinträchtigt.

Verschiedene Gruppen (Rasmussen 1983c; Wieser 1986) ziehen nun das Kosten-Nutzen-Verhältnis restriktiver Methoden wie der Amygdalohippokampektormie in Erwägung. Es wäre von großem Vorteil, wenn sowohl der Neurologe als auch der Neurochirurg und auch der Neuropsychologe in den Interpretationsprozeß mit einbezogen werden könnten.

Nach frontalen Resektionen bei Epilepsien, die ihren Ursprung im Frontalhirn haben, können Patienten die Verstärkung vorher bereits existierender

Schwächen bemerken. All dieses, besonders aber der mögliche Verlust an Initiative und an der Fähigkeit zu planen, was wiederum Schwierigkeiten bei der Rehabilitation bereiten kann, muß dem Patienten und seiner Familie erklärt werden. Diese Beeinträchtigungen müssen mit den Vorteilen der verbesserten Anfallskontrolle abgewogen werden.

Operation im Kindesalter?

Die progressive Entwicklung von Persönlichkeitsveränderungen, psychologischen Problemen und die eingeschränkte soziale Beweglichkeit bei Patienten mit schwer zugänglichen Epilepsieformen haben zu der Hoffnung Anlaß gegeben, daß einige dieser Behinderungen, durch frühe, entschlossene Therapie (Andermann 1977; Andermann et al. 1985; Falcomer 1972) verhindert werden können. Rasmussen hat gezeigt, daß die Resultate der temporalen Lobektomie bei Kindern mit denen bei Erwachsenen vergleichbar sein.

Abschätzung der Spontanremission

Bei der Auswahl der für Operationen in Frage kommenden Patienten im Kindesalter besteht die Hauptschwierigkeit darin, diejenigen zu identifizieren, bei denen die Anfälle wahrscheinlich spontan sistieren. Es gibt keine eindeutigen Kriterien, nach denen diese Gruppe von Kindern ausgewählt werden könnte. Die deutlichste Indikation, daß die Anfälle nicht sistieren werden, ist ein stabiles, gewohnheitsmäßiges Anfallsmuster, das über viele Jahre keine Anzeichen einer Besserung aufweist. Ein solches Muster ist häufig durch Medikation nicht zu beeinflussen. Partiell komplexe Anfälle, die sich nach längeren Attacken, welche mit Fieber einhergehen und zu Ammonshornsklerose führen, entwickeln, sind ein gutes Beispiel für diesen Typus. Da diese Anfälle schon seit Kindheit bestehen, läßt sich ein Fortdauern dieses Zustandes ins Adoleszentenalter (15–16 Jahre) nicht vermuten, da mit einem dauerhaften Rückgang zu rechnen ist. Überzeugende Statistiken sind jedoch nicht verfügbar.

Optimale bildgebende Untersuchungen sind in der Kindheit äußerst wichtig, da Anfälle, die mit kleinen, nicht leicht zu identifizierenden Fremdgewebeläsionen einhergehen, wahrscheinlich nicht spontan zurückgehen.

Verhinderung von Komplikationen im Verhalten und im Gesundheitszustand des Kindes

Die fortschreitende Verschlechterung im Verhalten und in der kognitiven Funktion bei manchen Kindern gibt ebenfalls Anlaß, den operativen Eingriff zu einem frühen Zeitpunkt in Erwägung zu ziehen. Die Entwicklung in der pädiatrischen Neurologie, die zu größerer prognostischer Genauigkeit führte, hat dazu beigetragen, daß man heute nicht mehr bereit ist, Verschlechterungen, die mit dem auf nachweisbare Läsionen zurückzuführenden Anfallsgeschehen einhergehen, als unvermeidlich hinzunehmen. Häufig ist es der Neuropädiater, der sich der schlechten Prognose bewußt ist und daher darauf drängt, einen operativen Eingriff in Erwägung zu ziehen, der dem Prozeß Einhalt gebieten oder ihn rückgängig machen kann. Wie bei älteren Patienten kann man auch hier Kontrolle bei manchen, aber bei anderen nur Linderung erwarten.

Organisation der postoperativen Rehabilitation

Bei der Einschätzung der Prognose wird bereits früh die Möglichkeit der Rehabilitation in Betracht gezogen. Viele Patienten sind durchaus fähig, sich an ihren neuen anfallsfreien und verbesserten Zustand zu gewöhnen. Andere hingegen brauchen Führung und Hilfe von ihrer Familie oder Experten. Eine postoperative Rekonvaleszenzzeit von 2–3 Monaten ist ratsam und sollte beim Ausarbeiten der Pläne berücksichtigt werden. Damit Mißverständnisse ausgeschaltet werden, sollte gleich zu Beginn, bei Erstellung der Behandlungspläne, eine kontinuierliche postoperative medizinische Behandlung als notwendig betrachtet werden. Es ist ratsam, mindestens 2–3 Jahre mit einer kontinuierlichen antiepileptischen Therapie etwa Carbamazepin- oder Phenytoinmonotherapie, fortzufahren. Das Ziel des 1. postoperativen Jahres ist die langsame Medikamentenreduktion bis zu einem Niveau, bei dem wenige Nebenwirkungen auftreten. Nach einem oder zwei weiteren Jahren wird die Diskussion über die Behandlungsoptionen mit dem Patienten und dessen Familie fortgesetzt, Entscheidungen über das Absetzen oder die Fortsetzung der Medikation bzw. der Höhe der Dosis und des Niveaus werden gemeinsam getroffen. Obwohl diese Patientengruppe deutlich motiviert ist, die Anfallstendenz zu kontrollieren, ist ihre Einstellung doch unterschiedlich und es werden häufig Entscheidungen ohne ärztlichen Rat getroffen.

Postoperative Verlaufsmuster

Die möglichen Ergebnismuster werden ebenfalls so früh wie möglich mit dem Patienten und dessen Familie diskutiert. Hier gibt es viele unterschiedliche Faktoren, einschließlich der Lokalisation. Neben organischen Gehirnerkrankungen und psychischen Störungen kommt der sozialen Integration und familiären Unterstützung bei der Rehabilitation eine wichtige Bedeutung zu. Bei der Temporallappenepilepsie kann es zu Anfallsfreiheit kommen, zur Fortsetzung der Aura, die sich langsam verringert, zu partiellen Anfällen, die von residualen, frontalen („suprasylvian") oder posterior-temporalen Arealen herrühren, oder gelegentlich zu größeren Anfällen, die sich von den präoperativen Mustern unterscheiden. Dafür sprechen die verbliebenen postoperativen Anfälle jetzt oft auf die Medikamente an, so daß residuelle Anfälle völlig verhindert werden können. Manchmal treten Anfälle, die den ursprünglichen Attacken ähnlich sind, nach Perioden von Anfallsfreiheit wieder auf. Solche Anfälle kommen oft von posterior-temporalen Strukturen, meistens von nicht resezierten Anteilen des Hippokampus.

Die verbleibende Anfallstendenz

Patienten sollten regelmäßig überprüft werden, insbesondere nach einem Jahr. Sollten Anfälle über Jahre hin ohne Anhaltspunkte für eine progressive Verbesserung fortdauern, so ist es wahrscheinlich, daß die verbleibende Anfallstendenz ernst genug ist, um eine vollständige Überprüfung im Krankenhaus zu veranlassen. Nach Medikamentenreduktion sollte diese Untersuchung ein Intensiv-EEG-Monitoring einschließen. Eine weitere Operation, die die Entfernung zugänglicher epileptogener Gewebeteile einschließt, sollte in Erwägung gezogen werden. Der richtige Zeitpunkt für eine solche Untersuchung hängt von der Motivation des Patienten und seiner Familie sowie dem Schweregrad des Problems ab.

Latente Vorurteile

Kann man an der linken Hemisphäre operieren? Behandlung einer Narbe durch eine andere?

Trotz regen Interesses an der operativen Behandlung der Epilepsie gibt es noch beträchtliche Vorurteile in der Fachwelt. Diese Vorurteile stehen meistens mit dem Mangel an Erfahrung und Wissen auf diesem Gebiet in Verbindung. Der folgende Ausschnitt aus einem medizinischen Bericht zeigt dies sehr deutlich: „… Operationen zur Anfallskontrolle sind nicht ratsam, besonders dann nicht, wenn es sich um komplex-partielle Anfälle handelt. Wenn man sein linkes Temporalhirn entfernt, könnte der Patient vielleicht überhaupt nichte mehr verstehen, hätte evtl. auch Schwierigkeiten mit Funktionen, die er jetzt beherrscht und könnte potentiell einige Paresen aufweisen, obwohl der Gyrus centralis nicht beeinträchtigt ist. Ein weiteres Problem bei Operationen ist die Tatsache, daß die Anfälle innerhalb von 5 Jahren erneut auftreten, hervorgerufen in jenem Areal, an dem die Operation ausgeführt wurde …" (anonymer Arzt). Dieser behinderte Patient wurde anschließend eingehend untersucht, operiert und ist seither anfallsfrei – zur großen Erleichterung seiner Familie. Es ist selbstverständlich möglich, an der linken, dominanten Hemisphäre zu operieren, vorausgesetzt, es ist genügend Informationsmaterial über die Sprachlokalisation vorhanden. Außerdem müssen die Sprachareale berücksichtigt werden. Zum Beispiel sind die Resultate bei einer linksseitigen Lobektomie vergleichbar mit einer rechtsseitigen Entfernung (Rasmussen 1983c). Eine saubere postoperative Narbe ist einer posttraumatischen oder posthämorrhagischen Läsion vorzuziehen. Bisher war es nicht möglich, die Tendenz zu gliotischen Reaktionen, die einer Anfallsoperation folgten, nachzuweisen, ebensowenig wie die vermutliche Wirkung eines solchen Prozesses in den die Resektion umgebenden Arealen. Vielversprechend sind prä- und postoperative magnetische Resonanzstudien, die bei der Lösung dieses Problems und seiner möglichen Bedeutung für die Epilepsiechirurgie aufklärend helfen könnten.

Einige besondere Probleme

Tuberosklerose

Es wird vermutet, daß bei der Tuberosklerose die Verminderung der Intelligenz und allgemein schlechte Prognose stärker mit dem epileptischen Prozeß (Gastaut u. Zifkin, persönliche Mitteilung) als mit der kortikalen Läsion oder gar mit den periventrikulären kalzifizierten Arealen zusammenhängt. Tuberosklerosepatienten, die ein stabiles Muster partieller Anfälle aufweisen, haben u. U. ein lokalisiertes Areal epileptogener Entladungen, das chirurgischer Behandlung zugänglich ist. MRI-Aufzeichnungen können helfen, die Lokalisation epileptogener Areale auszumachen, da anormale kortikale Strukturen heute sichtbar gemacht werden können.

„Forme fruste" der Tuberosklerose

Wie von Perot et al. (1966) beschrieben, gibt es epileptogene Läsionen, die mikroskopisch von denen der Tuberkulose nicht zu unterscheiden sind. Bei dieser „forme fruste" der Tuberosklerose gibt es strukturelle Anomalien im Kortex, die manchmal in die darunter gelagerte weiße Masse hineinragen. Wie das MRI zeigt, sind solche Läsionen beträchtlich ausgedehnter, als man auf Grund der CT annehmen würde. Die pathologischen Veränderungen sind denen der Tuberosklerose mit Riesenzellen sehr ähnlich. Charakteristische periventrikuläre Kalzifikationen sind nicht vorhanden, die Haut und andere Organe sind nicht betroffen, und es ergibt sich keine positive Krankengeschichte in der Familie. Die Beziehung dieser Strömung zum klassischen Tuberosklerosefall bleibt ungewiß.

Sturge-Weber-Syndrom

Patienten, die unter dem Sturge-Weber-Syndrom leiden und deren Anfälle stark genug sind, können ebenfalls vom operativen eingriff profitieren (Rasmussen et al. 1972). Mit den gängigen bildgebenden Techniken kann das Ausmaß der pialen Angiomatose nicht aufgezeigt werden. Die verkalkten Areale im Gehirn hingegen sind leicht nachzuweisen. Solange Patienten Medikamente erhalten, sind die EEGs oft nicht aussagekräftig. Durch eine Medikamentenreduktion werden epileptogene Entlasungen ermöglicht, und es kann eine elektroklinische Korrelation erstellt werden.

Behandlungsstrategien erstrecken sich von der Entfernung des epileptogenen Areals (Perot et al. 1966) bis zur Kallosektomie (Andermann et al. 1988; Ragazzo u. Marino, persönliche Mitteilung), von der Entfernung der kalzifizierten Areale bis zur Hemisphärektomie im Kindesalter. Da das Spektrum des Schweregrades der Epilepsie in Verbindung mit dem Sturge-Weber-Syndrom sehr groß ist, scheint die letztere Methode oft nicht gerechtfertigt. Es steht aber fest, daß manche Kinder unter schweren Anfällen leiden, dadurch stark retardiert werden und eine progressive Parese aufweisen. Bei solchen Kinder sollte der chirurgische Eingriff bzw. eine Hemisphärektomie im frühen Kindesalter in Betracht gezogen werden.

Fokale kortikale Dysplasie

Die fokale kortikale Dysplasie wurde von Taylor et al. (1971) beschrieben. Kleine dysplastische epileptogene Läsionen sind kürzlich von Silfvenius et al. (1985) gefunden worden. Im Umfeld fokaler Makrogyrien werden kortikale Dysplasien gefunden, und die epileptogene Anomalie steht für gewöhnlich in der Umgebung zum Areal der größten strukturellen Anomalie. Diese kann durch CT oder MRI-Scanning sichtbar gemacht werden (Taylor et al. 1971). Die operative Behandlung führt bei solchen Patienten wie auch bei jenen mit der „forme fruste" der Tuberosklerose zu einer Verbesserung des Zustandes, aber nicht zu einer vollständigen Unterdrückung der epileptogenen Anfälle – wahrscheinlich bedingt durch die weitverbreitete Art der Läsion.

Chronische Enzephalitis (Rasmussen-Syndrom)

Chronische Enzephalitis des von Rasmussen beschriebenen Typs zeigt sich bei Kindern mit schwer behandelbaren Anfällen und bei Epilepsia partialis continua. In ihrem Verlauf zieht sie schwere neurologische Beeinträchtigungen mit sich. Eine virale Ätiologie wird seit langem vermutet, aber dieser Verdacht hat sich bisher nicht bestätigt. Die Möglichkeit einer Autoimmunstörung muß ebenfalls berücksichtigt werden. Bei Patienten, deren Anfälle lebensbedrohend sind, kann die Entfernung epileptogenen Gewebes von Vorteil sein. Ob jedoch der präzentrale Gyrus entfernt werden kann, hängt vom Grad der bereits bestehenden Hemiparese ab. Eine funktionelle Hemisphärektomie kann dann ohne funktionellen Verlust und mit der Aussicht auf eine gute Anfallskontrolle ausgeführt werden, wenn keine brauchbare Fingermotorik mehr vorhanden ist.

Aussichten

Die operative Behandlung ist eindeutig nicht die endgültige Antwort auf die durch schwere Epilepsieformen aufgeworfenen Probleme. Bessere Medikamente, Verhütung und mit der Zeit Manipulation der genetischen Komponente oder Epilepsie werden – wenn diese erst erforscht sind – den operativen Eingriff eines

Tages ersetzen. Bis dahin sollten Patienten mit unkontrollierbaren Epilepsien Zugang zu angemessener Behandlung und dem Nutzen operativer Therapie haben, die in vielen Fällen den Schatten, der über ihren Leben liegt, zu beseitigen vermag.

Literatur

Andermann F (1977) Selection and investigation of candidates for surgical treatment of temporal lobe epilepsy in childhood and adolescence. In: Blaw M, Rapin L, Kinsbourne M (eds) Topics in Child Neurology. Spectrum, New York, pp 167–171

Andermann F, Olivier A, Melanson D, Robitaille Y (1985) Focal cortical dysplasia, macrogyria, and epilepsy: a study of 15 patients. Abstract, 16th Epilepsy International Symposium, Hamburg

Delgado-Escueta AV, Treiman DM, Walsh GO (1983) The treatable epilepsies. Part II. N Engl J Med 308:1576–1584

Engel J jr., Crandall PH (1983) Falsely localizing ictal onsets during depth EEG telemetry during anticonvulsant withdrawal. Epilepsy 24:344–355

Falconer MA (1973a) Reversibility by temporal lobe resection of the behavioural abnormalities of temporal lobe epilepsy. N Engl J Med 289:451–454

Falconer MA (1973b) Place of surgery for temporal lobe epilepsy during childhood. Br Med J 2:631–636

Falconer MA, Serafetinides FA, Corsellis JAN (1964) Etiology and pathogenesis of temporal lobe epilepsy. Arch Neurol 10:233–248

Glaser GH (1980) Treatment of intractable temporal lobelimbic epilepsy (complex partial seizures) by temporal lobectomy. Ann Neurol 8:455–459

Gotman J (1983) Measurement of small time differences between EEG channels: method and application to epileptic seizure propogation. Electroencephalogr Clin Neurophys 54:501–514

Green JR (1977) Surgical treatment of epilepsy during childhood and adolescence. Surg Neurol 8:71–80

Horsley V (1986) Brain Surgery. Br Med J 2:670–675

Jackson JH (1873) On the anatomical, physiological, and pathological investigation of epilepsies. West Riding Lunatic Asylum Medical Reports 3:315 (reprinted in: Selected Writings of John Hughlings Jackson, edited by J Taylor, Hodden & Stoughton, London, pp 90–111, 1931)

Jensen I (1977) Temporal lobe epilepsy: on whom to operate and when. In: Penry JK (ed) Epilepsy, the Eight International Symposium. Raven Press, New York, pp 325–331

McNaughton FL, Rasmussen T (1975) Criteria for selection of patients for neurosurgical treatment. In: Purpura DP, Penry JK, Walter RD (eds) Advances in Neurology, vol 8. Raven Press, New York, pp 37–48

Olivier A, Gloor P, Andermann F, Ives J (1982) Occipitotemporal epilepsy studied with stereotaxically implanted depth electrodes and successfully treated by temporal resection. Ann Neurol 11:428–432

Penfield MA, Jasper H (1959) Epilepsy and the functional anatomy of the human brain. Little & Brown, Boston

Penfield WP, Ward A (1948) Calcifying epileptogenic lesions; hemangioma calcificans. Report of a case. Arch Neurol Psychiatry (Chicago) 60:20–36

Perot P, Weir B, Rasmussen T (1966) Tuberous sclerosis: Surgical therapy for seizures. Arch Neurol 15:498–506

Rasmussen T (1983a) Hemispherectomy for seizures revisited (the 1982 Penfield lecture). Can J Neurol Sci 10:191–202

Rasmussen T (1983b) Cortical resection in children with focal epilepsy. In: Parsonage M, Grant R, Craig AG, Ward A (eds) Advances in epileptology. XIVth Epilepsy International Symposium. Raven Press, New York, pp 249–254

Rasmussen TB (1983c) Surgical treatment of complex partial seizures. Results, lessons, and problems. Epilepsia 24 [Suppl 1]:65–76

Rasmussen TB, McCann W (1968) Clinical studies of patients with focal epilepsy due to „chronic encephalitis" Trans Am Neurol Assoc 93:89–94

Rasmussen T, Mathieson G, Leblanc F (1972) Surgical therapy of typical and a forme fruste variety of the Sturge Weber syndrome. Arch Suisses Neurol Neurochir Psychiatry 3:393–409

Remillard GM, Ethier R, Andermann F (1974) Temporal lobe epilepsy and perinatal occlusion of the posterior cerebral artery. Neurology 23:1001–1009

Remillard GM, Andermann F, Rhisausi A, Robbins N (1977): Facial assymmetry in patients with temporal lobe epilepsy and perinatal occlusion of the posterior cerebral artery. Neurology 23:1001–1009

Sammaritano M, drLotbiniere A, Andermann F, Olivier A, Gloor P, Quesney LF (1984) False laterilization by surface EEG of seizure onset in patients with temporal lobe epilepsy and gross focal cerebral lesions. Epilepsia 25:664–665

Silfvenius H, Blom S, Zetterlund B, Sourander P, Nordborg C (1985) Mild cortical dysplasia in patients with intractable seizure: early surgical results. Abstract, 16th Epilepsy International Symposium, Hamburg

Taylor DC (1972) Mental state and temporal lobe epilepsy. Epilepsia 13:727–765

Taylor DC, Falconer MA, Bruton CJ, Corsellis NA (1971) Focal dysplasia of cerebral cortex in epilepsy. J Neurol Neurosurg Psychiatry 34:369–387

Taylor L (1979) Psychological assessment of neurosurgical patients. In: Rasmussen TB, Marino R (eds) Functinel neurosurgery. Raven Press, New York, pp 165–180

Tinugen P, Andermann F, Villemur JG, Rasmussen TB, Quesney LF (1988) Functional hemispherectomy of epilepsy: Rationale, indications, results, and comparison with callosotomy. Ann Neurol 24:27–34

Walker E (1974) Surgery for epilepsy. In: Vinken PJ, Bruyn GW (eds) Handbook of clinical neurology, vol. 15

Ward AA jr. (1983) Perspectives for surgical therapy of epilepsy. In: Ward AA jr., Penry JK, Purpura D (eds) ARNMD, Epilepsy. Raven Press, New York, pp 371–390

Wieser HG, Yasargil MG (1982) Selective amygdalohippocampectomy as a surgical treatment of mesiobasal limbic epilepsy. Surg Neurol 17:445–457

Wieser HG (1986) Selective amygdachippocampectomy: indications, investigative techniques, and results. In: Simon L et al. (eds) Advances in techniques of neurosurgery. Springer, Wien New York

Überweisung zur präoperativen Diagnostik: Checkliste der Ein- und Ausschlußkriterien und Befundübermittlung

J. Bauer

Die operative Behandlung von Epilepsien dient einer kleinen, wohldefinierten Patientengruppe, bei bestehender Indikation sollte eine Überweisung in spezielle diagnostische und therapeutische Zentren erfolgen. Zum Erkennen einer solchen Überweisungsindikation bedarf es der Kenntnis von Ein- und Ausschlußkriterien sowie einer umfassenden Mitteilung bereits erhobener Befunde an den weiterbehandelnden Arzt.

Einschlußkriterien (Tabelle 1)

Einschlußkriterien sind die folgenden:

- Fokale Epilepsie,
- Pharmakotherapieresistenz,
- Motivation des Patienten;
zu berücksichtigen sind:
- Alter und
- Intelligenzniveau.

Bei *fokalen Epilepsien* mit häufig auftretenden Anfällen besteht die hinreichende Aussicht, durch die Resektion des betroffenen Hirnareals eine Reduktion der Anfallsfrequenz oder gar Anfallsfreiheit erzielen zu können. Diagnostisch wesentlich sind daher die Befunde mehrjähriger interiktualer EEG-Kontrollen, von großem Wert sind iktuale EEG-Ableitungen, die jedoch nur selten vorliegen.

Als operabel können v. a. temporale und frontale Foci angesehen werden. Es ergibt sich daraus, daß die in Frage kommenden Patienten meist an einfachpartiellen, komplex-partiellen und/oder sekundär generalisierten Grandmal-Anfällen leiden (s. Beitrag Andermann).

Eine *Pharmakotherapieresistenz* der Anfälle muß vorliegen (s. Beitrag Schmidt).

Die *Motivation* des Patienten muß in jedem Fall bestehen. Ein zur Operation geeigneter Patient sollte über diese Behandlungsmöglichkeit aufgeklärt, jedoch nicht dazu überredet oder gedrängt werden. Umgekehrt sollte man sich einem berechtigten Wunsch auch nicht entgegenstellen.

Tab. 1. Checkliste zur Überweisung zur präoperativen Diagnostik

Einschlußkriterien	*Ausschlußkriterien*
Fokale Epilepsie	Generalisierte Epilepsie
	Hysteroepilepsie
Pharmakotherapieresistenz	Ungenügende Pharmakotherapie
Motivation des Patienten	Fehlende Motivation

Zu berücksichtigen:

Intelligenzniveau
Psychosoziale Aspekte
Alter
Operations- und Narkosefähigkeit

Zu übermittelnde Vorbefunde

Anfallsanamnese:
- Anfallsbeschreibung - fokale Hinweise?
- Ätiologie
- Auslösemechanismen
- Manifestationszeitpunkte
- Frühere Status epileptici?
EEG-Befunde:
- Interiktual
- Iktual
- Originalkurven (mit Ableiteschema!)
Bildgebende Untersuchungen (Original oder Kopie):
- CT
- MRT
- SPECT
Therapieverlauf:
- Medikation, Dosis, Blutspiegel, Nebenwirkungen, Intoxikation, Effekt, Therapiedauer
Begleiterkrankungen

Das *Alter* des Patienten limitiert operative Eingriffe nicht unbedingt. Bei Kindern sollte eine ausreichende Reifung des Gehirns bestehen, bei älteren Erwachsenen stehen z. T. allgemeinkörperliche Erkrankungen einer Operation im Wege. Im allgemeinen wird eine Operation bei Patienten im Alter zwischen 15 und 50 Jahren durchgeführt, doch ist dies auch bei Kindern möglich.

Das *Intelligenzniveau* des Patienten sollte ihn in die Lage versetzen, die teilweise komplexen präoperativen Untersuchungen, die seiner Mitarbeit bedürfen, durchführen zu können. Bei stark geistig behinderten Patienten ist eine solche Diagnostik kaum durchführbar.

Ausschlußkriterien

Ausschlußkriterien sind die folgenden:

- Primär generalisierte Epilepsien,
- Hysteroepilepsie,

- unzureichende Pharmakotherapie,
- fehlende Operations- und Narkosefähigkeit;
zu berücksichtigen sind:
- Alter,
- Intelligenzniveau,
- psychosoziale Aspekte.

Bei den sog. *primär generalisierten Epilepsien,* wie Absencen, Impulsiv-Petitmal, Aufwach-Grandmal, die im EEG mit generalisierten Spike-wave-Potentialen einhergehen, besteht keine operative Behandlungsmöglichkeit. Sekundär generalisierte (z.B. multifokale) Epilepsien mit Sturzanfällen müssen davon differenziert werden, weil hier u.U. eine Kallosotomie in Betracht kommt. Patienten, die an einer *Hysteroepilepsie,* also dem Auftreten psychogener und epileptischer Anfälle leiden, sind zunächst für eine operative Behandlung nicht geeignet. Sollte bezüglich der Epilepsie eine Operationsindikation vorhanden sein, bedarf es vordringlich der Behandlung der psychogenen Anfälle. Operative epilepsiechirurgische Eingriffe bei solchen Patienten sind in aller Regel sonst nicht erfolgreich, da selbst nach einer gelungenen Entfernung des epileptogenen Hirnareals das postiktual vermehrte Auftreten psychogener Anfälle die psychosoziale Situation des Patienten nicht wesentlich ändern würde.

Eine bisher *unzureichende Pharmakotherapie* sollte als Kontraindikation gewertet werden, selbst wenn der Patient stark auf eine operative Behandlung drängt. Vordringlich ist dann zunächst eine suffiziente medikamentöse Therapie zum Nachweis oder Ausschluß einer Pharmakotherapieresistenz der Epilepsie.

Die *Operations-* und *Narkosefähigkeit* sollte in jedem Fall vor einer Überweisung prinzipiell überdacht werden. In diesem Zusammenhang ist auch das *Alter* des Patienten zu berücksichtigen. Dies gilt ebenso für die Notwendigkeit eines ausreichenden *Intellizenzniveaus.* Die *psychosoziale Situation* des Patienten, etwa der familiäre Rückhalt, sollte bekannt sein und berücksichtigt werden.

Übermittlung von Vorbefunden

Die Überweisung eines Patienten zur präoperativen Diagnostik nach vielleicht jahrelanger ambulanter Betreuung bedarf einer möglichst aufürlichen Befundübermittlung an den weiterbehandelnden Arzt. Nicht selten stellen sich Patienten allein mit einer Kassenüberweisung vor, auf der „operative Epilepsiebehandlung" vermerkt ist. Ohne fremdanamnestische Schilderungen und weitere Vorbefunde wird die Anamnese schnell ihre Grenzen erreichen, fehlende Röntgen- oder Kernspinaufnahmen machen nochmalige Untersuchungen notwendig, die kostspielig und für den Patienten unnötig belastend (Röntgen) sind. Wünschenswert ist daher eine sachgerechte Mitteilung vorhandener Daten, wesentlich dabei sind:

- Anfallsanamnese,
- EEG-Befunde,

- bildgebende Untersuchungen (CT, MRT),
- Therapieverlauf,
- psychosoziale Anamnese,
- Begleiterkrankungen.

Die *Anfallsanamnese* sollte neben der generellen Beschreibung der Anfallsmerkmale sowie möglicher oder sicherer ätiologischer Faktoren Hinweise auf fokale Zeichen beinhalten, etwa die Beschreibung einer Aura, den Beginn motorischer Entäußerungen bei Seitenbetonung oder postiktuale Phänomene wie Aphasie oder motorisches Defizit.

Wesentlich für die klinische Anfallsaufzeichnung ist auch die Kenntnis bevorzugter Anfallsmanifestationszeitpunkte, Auslösefaktoren oder Anfallscluster. Auch Hinweise auf früher erlittene Status epileptici sind von Bedeutung, um die Medikamentenreduktion zur Anfallsbeobachtung danach richten zu können.

EEG-Befunde über mehrere Jahre sollten in jedem Fall mitgeteilt, wenn möglich auch Kurven – mit Ableiteschema – für kurze Zeit überlassen werden. Iktuale EEG-Ableitungen sind natürlich von besonderem Interesse.

Bereits angefertigte *bildgebende Untersuchungen,* meist CT und/oder MRT, müssen als Kopie oder Originalaufnahme vorliegen, schriftliche Befunde reichen hier nicht aus.

Ganz wesentlich ist die ärztliche Übermittlung des *Therapieverlaufs.* Dabei sollten möglichst genau Medikation, Dosis, Antiepileptikablutspiegel, Nebenwirkungen, Allergien, Intoxikationen, Effekt und Therapiedauer angegeben werden. Diese Informationen sind zur Bewertung der Pharmakotherapieresistenz unverzichtbar.

Problematische *psychosoziale Aspekte* sollten ebenfalls mitgeteilt werden, da sie meist dem weiterbehandelnden Arzt zunächst verschlossen bleiben, so etwa familiäre Ressentiments gegenüber einer operativen Therapie.

Diagnose und Therapie von *Begleiterkrankugnen* sollten ebenfalls übermittelt werden.

Beratung des Patienten

Neben der sachlichen Abwägung einer Indikation zur operativen Behandlung sollte nicht vergessen werden, daß für eine solche Behandlungsmöglichkeit chronisch kranke Patienten in Frage kommen, die einen meist langen Leidensweg mit einer auch psychosozial schwierigen Krankheit hinter sich haben. Die Pharmakotherapierestenz der Anfälle führt gerade diese Patientengruppe in eine schier ausweglose Situation zwischen der Akzeptanz einer gravierenden gesundheitlichen Beeinträchtigung und Resignation. Die Kenntnis einer theoretisch möglichen operativen Therapie weckt so oft irrationale Hoffnungen hinsichtlich Indikation, zeitlicher Durchführung und Erfolgsaussichten. Dies sollte im Vorfeld sachlich korrigiert werden.

Die Indikationen wurden bereits dargelegt. Wartezeiten zur Aufnahme zur präoperativen Diagnostik bestehen in allen Zentren und schwanken zwischen Monaten und Jahren. Die präoperative Diagnostik selbst dauert bei nicht zu komplizierten Fällen 2–3 Wochen und stellt eine nicht geringe psychophysische Belastung dar. Durch die Medikamentenreduktion werden Anfälle ausgelöst, so daß vereinzelt auch Anfallsserien auftreten können. Die Langzeit-EEG-Ableitung mit Videoüberwachung über mindestens 1 Woche schließt unter Umständen Tiefenelektroden ein, deren Plazierung vereinzelt als unangenehm empfunden wird und mit einem gewissen Risiko verbunden ist. Die permanente 24stündige Überwachung des Patienten in diesem Zeitraum ist ein nicht zu unterschätzender Streßfaktor. Schließlich bergen Angiographie und Wada-Test Risiken in sich.

Es werden zwar nur Patienten in dieses Untersuchungsprogramm aufgenommen, die eine reelle Chance haben, operiert zu werden, doch ist die Untersuchung selbst noch keine Garantie für die Möglichkeit zur Durchführung einer Operation. Dies sollte dem Patienten bekannt sein. Auch die Operation selbst garantiert keine Anfallsfreiheit, diese wird z. B. bei Temporallappenepilepsien in 60–80% erzielt, jedoch zumindest zunächst unter Fortsetzung der Pharmakotherapie, was vielen Patienten ebenfalls nicht bekannt ist.

Auch mit einem erfolglosen Ergebnis einer präoperativen Diagnostik oder einer Operation sollte prinzipiell gerechnet werden. Man halte sich vor Augen, in welche seelische Ausweglosigkeit ein Patient nach fehlender Indikation zur Operation nach durchgeführter präoperativer Diagnostik oder gar nach einer nicht erfolgreichen Operation geraten kann. Gerade weil der Patient nach der Untersuchung und/oder Operation wieder in die ambulante Betreuung des überweisenden Arztes zurückverwiesen wird, sollten von Beginn an Bewältigungsstrategien erörtert und in Aussicht gestellt werden. Die scheinbar banale Überweisung zu einer neue Heilungschancen eröffnenden Therapie wird so zu einem schwierigen ärztlichen Unterfangen bei der Betreuung chronisch Kranker.

Literatur

Glötzner FL (1987) Diagnostik und Auswahlkriterien zur operativen Epilepsie-Therapie. Nervenarzt 58:531–537

Stefan H, Wieser HG (1987) Prächirurgische epileptologische Intensivevaluation. In: Bätz B, Künkel H (Hrsg) Prächirurgische Diagnostik und operative Behandlung bei therapieresistenten Epilepsien. Zuckschwerdt, München Bern Wien San Francisco, S 18–54

Wieser HG (1985) Derzeitige Möglichkeiten der operativen Epilepsiebehandlung. Nervenarzt 56:404–409

Intensivmonitoring und Neuroimaging*

H. Stefan

Das Ziel des operativen Eingriffes besteht darin, einen epileptischen Herd zu entfernen und/oder die Ausbreitung fokaler epileptischer Aktivität zu unterbinden, ohne ein wesentliches neuropsychologisches Defizit zu verursachen. Zweck der Operation ist erstens die Anfallskontrolle („Früheffekt") und zweitens die Vermeidung von Sekundärherden durch ein prozeßhaftes Fortschreiten der Erkrankung infolge einer sekundären Epileptogenese („Späteffekt"). Durch die Entwicklung neuer bildgebender Verfahren können seit einiger Zeit sogar Operationen durchgeführt werden, bei denen nur „Mikroläsionen" oder überhaupt keine morphologischen Läsionen, sondern nur fokale Funktionsstörungen nachweisbar sind. Im letzteren Fall wird eine Entfernung der funktionell epileptogenen Zone durchgeführt. Zerebrale morphologische Läsionen stimmen topographisch nicht immer mit der Lokalisation des epileptogenen Herdes überein. Daher muß unabhängig vom Nachweis einer morphologischen Läsion die Lokalisation der fokalen epileptischen Aktivität durchgeführt werden. Durch die Entwicklung neuer Untersuchungsverfahren für die präoperative Diagnostik läßt sich der für die Anfälle des Patienten verantwortliche epileptogene Herd präziser und sicherer lokalisieren als früher (Tabelle 1). Die Diagnostik ist allerdings sehr aufwendig.

Tab. 1. Untersuchungsmethoden

Anamnese		Diagnose des Anfallssyndromes
EEG	interiktual	Nachweis epileptiformer Entladung Hinweis auf epileptogene Region
	iktual	- Anfallstyp
	(Video/EEG)	- Differenzierung von psychogenen „Pseudo"anfällen
		- Regionaler bzw. fokaler Beginn
Neuroimaging (PET/SPECT/MRT)		Funktionelle bzw. morphologische Läsion

* Herrn Prof. Dr. W. D. Heiss sei für die Überlassung der PET Abbildungen, Herrn Dr. H. Feistel für die SPECT-Abbildungen und Herrn Prof. Dr. H. W. Huk für die Überlassung der kernspintomographischen Aufnahmen gedankt.

Morphologischer und elektrophysiologischer Befund sind also im Rahmen der präoperativen Diagnostik wichtige Ergänzungen. Bei ca. 50% der Temporallappenepilepsien liegt eine mesiale Sklerose, bei 20% Hamartome und bei weiteren 10% Tumoren, vaskuläre Läsionen, posttraumatische Narben etc. vor (Jensen u. Klincken 1976).

Elektrophysiologische Untersuchungen

Dem Elektroenzephalogramm kommt eine große Bedeutung im Verlauf der präoperativen Diagnostik zu. Elektroenzephalographische Untersuchungen werden gewöhnlich unter der medikamentösen Therapie begonnen. Bei Patienten mit Temporallappenepilepsie finden sich während hochdosierter Antiepileptikatherapie häufig wenig eindrucksvolle EEG-Befunde. Eine Verlangsamung der Hintergrundtätigkeit kann u. U. auf eine antiepileptische Langzeitbehandlung zurückzuführen sein. Tritt sie jedoch umschrieben, im Sinne eines unspezifischen Herdbefundes auf, so kommt ihr eine wichtige Bedeutung zu. Gelegentlich lassen sich Spike- und/oder Sharp-wave-Entladungen trotz medikamentöser Behandlungen registrieren. Falls sich unter der medikamentösen Behandlung keine epileptische Aktivität nachweisen läßt, werden die Antiepileptika unter stationären Bedingungen allmählich reduziert. Man beginnt mit der Reduktion der Medikamente, die am wenigsten wichtig für die Anfallskontrolle sind oder als Adjuvanzien in der Behandlung partieller Anfälle gelten. Meistens werden Benzodiazepine, Valproinsäure, Phenobarbital und Primidon zuerst reduziert. Phenytoin und Carbamazepin werden zuletzt entzogen (Andermann 1988). Die Medikamentenreduktion sollte langsam durchgeführt werden. Patienten, die früher einen Status Epilepticus aufwiesen, sollten besonders langsam in die Reduktionsphase gebracht und sorgfältig überwacht werden. Die Medikamentenreduktion erfolgt unter Intensivüberwachungsbedingungen, einschließlich regelmäßiger, d.h. täglicher Serumkonzentrationsbestimmungen der Antiepileptika. Bei schneller Reduktion der Medikamente können nicht nur Status, sondern auch postiktuale Psychosen auftreten. Sie werden insbesondere bei Temporallappenepilepsien beobachtet.

Interiktuale epileptische Aktivität

Interiktuale epileptische Aktivität wird häufig in der Region registriert, die auch für die Auslösung der Anfälle verantwortlich ist. Es kommen jedoch Ausnahmen vor, wobei interiktuale epileptische Aktivität zur falschen Lateralisation, also kontralateral zu dem für die Anfälle des Patienten relevanten epileptogenen Areal führen kann. Andere Probleme können dadurch entstehen, daß interiktual ein großes Areal epileptische Aktivität aufweist, z. B. frontal und temporal, oder diese beidseits unabhängig auftritt. Die interiktuale epileptische Aktivität wurde zu 5–33% fälschlicherweise als anfallsgenerierende Seite lokalisiert (Quesney u. Gloor 1985). Bei bilateral unabhängiger Aktivität im Temporalhirn war ein Überwiegen komplex partieller Anfälle auf einer Seite in 30% feststellbar (Engel et al. 1975). Eine im Krankheitsverlauf langfristig konstant auftretende unilaterale Aktivität mit Spikes oder Sharp waves und ein in gleicher Region lokalisierter unspezifischer Herdbefund weisen mit großer Wahrscheinlichkeit auf das für die Anfälle des Patienten relevante epileptogene Areal hin, während ausschließlich Spike- oder Sharp-wave-Aktivität in der Regel für die Lokalisation nicht ausreichend ist. Nicht selten befindet sich der epileptogene Fokus entfernt oder sogar kontralateral zu einer morphologischen Läsion. Beim Nachweis einer stark tumorverdächtigen Läsion, die mit dem unspezifischen und spezifisch epileptogenen Herd topographisch übereinstimmt, kann eine Operation wegen des Tumors bereits aufgrund des interiktualen Befundes indiziert sein. Mit Hilfe computerunterstützter Spikeanalysenmethoden (Gotman et al. 1978) kann die interiktuale Aktivität über lange Zeiträume untersucht werden. Dabei werden die mittels Computer ausgewählten EEG-Epochen ausgedruckt und dem Arzt zur Differenzierung von Artefakten vorgelegt. Nachdem die Spikes auch visuell durch den Auswerter anerkannt wurden, können unterschiedliche Feinanalysen mit Hilfe computerunterstützter Verfahren durchgeführt werden. Dabei werden z. B. die Verteilung, die Phasenumkehr und zeitliche Beziehung von Potentialen über lange Zeiträume dargestellt (Burr et al. 1988). Beim Auftreten interiktualer epileptischer Aktivitäten im Bereich des Temporalhirns können Spezialelektroden, wie z. B. die Sphenoidal- (Ives u. Gloor 977) oder Foramen-ovale-Elektrode (Wieser et al. 1985) hilfreich sein. Diese Elektroden erlauben u. U. den Nachweis tiefergelegener fokaler epileptischer Aktivität von basalen oder sogar medialen temporalen Hirnabschnitten, die mit Oberflächenableitungen nach dem 10/20-Schema nicht erfaßt werden. Die genannten Elektroden werden in der Regel gut toleriert und können ca. 1 Woche für Dauerableitungen benutzt werden. Ernsthafte Nebenwirkungen treten bei Sphenoidalableitungen bei lege artis durchgeführter Implantation nicht auf. Extrem selten kann ein Gefäß alteriert werden, eine Infektion auftreten oder infolge der Lokalanästhesie eine vorübergehende Fazialisparese vorliegen. Selten können Elektroden abbrechen. Bei Foramen-ovale-Ableitungen kann eine Meningitis oder Hypästhesie im Bereich des N. trigeminus auftreten. Theoretisch besteht die Möglichkeit der Punktion der A. carotis.

Beim Medikamentenentzug können die verschiedensten interiktualen epileptogenen Abnormalitäten auftreten. Während einige mit der epileptischen Anfallsaktivität gut korrelieren, stimmen andere mit dieser nicht überein. Gelegentlich können sogar bilaterale, synchrone meist kurze Spike-wave-Paroxysmen auftreten. Diese generalisierten Entladungen können sowohl bei Patienten mit Frontalhirn- und selten auch bei Temporalhirnepilepsien zusätzlich zum Fokus in Erscheinung treten. Solche generalisierten epileptischen Aktivitäten sollten eine weitere Klärung nicht verhindern. Auch bei Patienten mit Frontalhirnepilepsien können fokale oder regionäre spikes im Frontalhirn mit sekundär generalisierter spike-wave-Aktivität zusammen auftreten, wobei die frontale epileptische Aktivität nur mit Spezialelektroden (Supraorbital- oder Nasoethmoidalelektroden) erfaßt werden (Quesney et al. 1981; Lüders et al. 1982). Untersuchungen an Patienten, die im Anschluß an eine frontale Lobektomie anfallsfrei wurden, zeigten, daß es sich bei dieser generalisierten Aktivität um eine sekundäre, bilaterale Synchronie handelt (Rasmussen 1983; Stefan et al. 1989; Stefan et al. 1987). Das Auftreten generalisierter interiktualer epileptischer Aktivität schließt also einen Patienten nicht in jedem Fall von einer Operation aus. Die Möglichkeit einer sekundären bilateralen Synchronie muß bedacht werden. Hinsichtlich der Chance der Fokuslokalisation und des Behandlungserfolges sind allerdings Patienten mit ausschließlich fokaler Aktivität, und hier v.a. im Temporalhirn, am günstigsten zu beurteilen.

Bei Patienten mit Temporallappenepilepsie wird folgendermaßen praktisch vorgegangen: Es werden zunächst wiederholte, prolongierte Ableitungen oder kontinuierliche Langzeitableitungen über mehrere Tage und Nächte durchgeführt, um sicherzustellen, daß ein konstanter unilateraler Fokus oder im Falle bilateraler Aktivität ein eindeutiges Seitenüberwiegen vorliegt. Erfahrungsgemäß sind ca. 10 prolongierte EEG-Ableitungen innerhalb von 14 Tagen erforderlich (Andermann 1988), um eine ausreichende Information über die interiktuale epileptische Aktivität und deren Lokalisation zu erhalten. Bei kontinuierlichen Dauerableitungen kann der Zeitraum u.U. auf 1 Woche reduziert werden. Falls dabei stets nur unilaterale fokale epileptische Aktivität registriert wird und diese elektrophysiologischen Informationen voll mit den anderen klinischen Untersuchungsergebnissen einschließlich Neuroimaging und neuropsychologischen Untersuchungsbefunden sowie dem unspezifischen Herdbefund im EEG übereinstimmen, kann u.U., etwa bei Tumorverdacht, auf weitere elektrophysiologische Untersuchungen verzichtet werden. Dies trifft vor allen Dingen dann zu, wenn eine Standardtemporallappenresektion durchgeführt werden soll. Für selektive Operationsverfahren ist eine aufwendige Diagnostik erforderlich.

Anfallsmonitoring

Das Anfallsmonitoring wird für die präoperative Diagnostik in Form videokontrollierter Langzeit-EEG-Ableitungen mit unterschiedlichsten Techniken durchgeführt (Quesney u. Gloor 1985; Stefan u. Wieser 1987). Für den Patienten ist während des langen Ableitezeitraumes von Tagen bis zu einigen Wochen wichtig, daß die größtmögliche Mobilität und Entspannung während der simultanen EEG-Registrierung erzielt wird. Mobile Ableitungen in verschiedenen Räumen eines Krankenhauses (z.B. SDA-Labor, Krankenzimmer auf Station, spezielle Aufenthaltsräume) führen zu einer für den Patienten hinreichend komfortablen Untersuchungssituation, die das Auftreten von Anfällen begünstigt. Für die präoperative Diagnostik sind mindestens 16 EEG-Kanalableitungen erforderlich. Mit Hilfe des Anfallsmonitorings soll geprüft werden, ob die aufgrund des interiktualen Befundes wahrscheinlich gemachte Region wirklich relevant für die An-

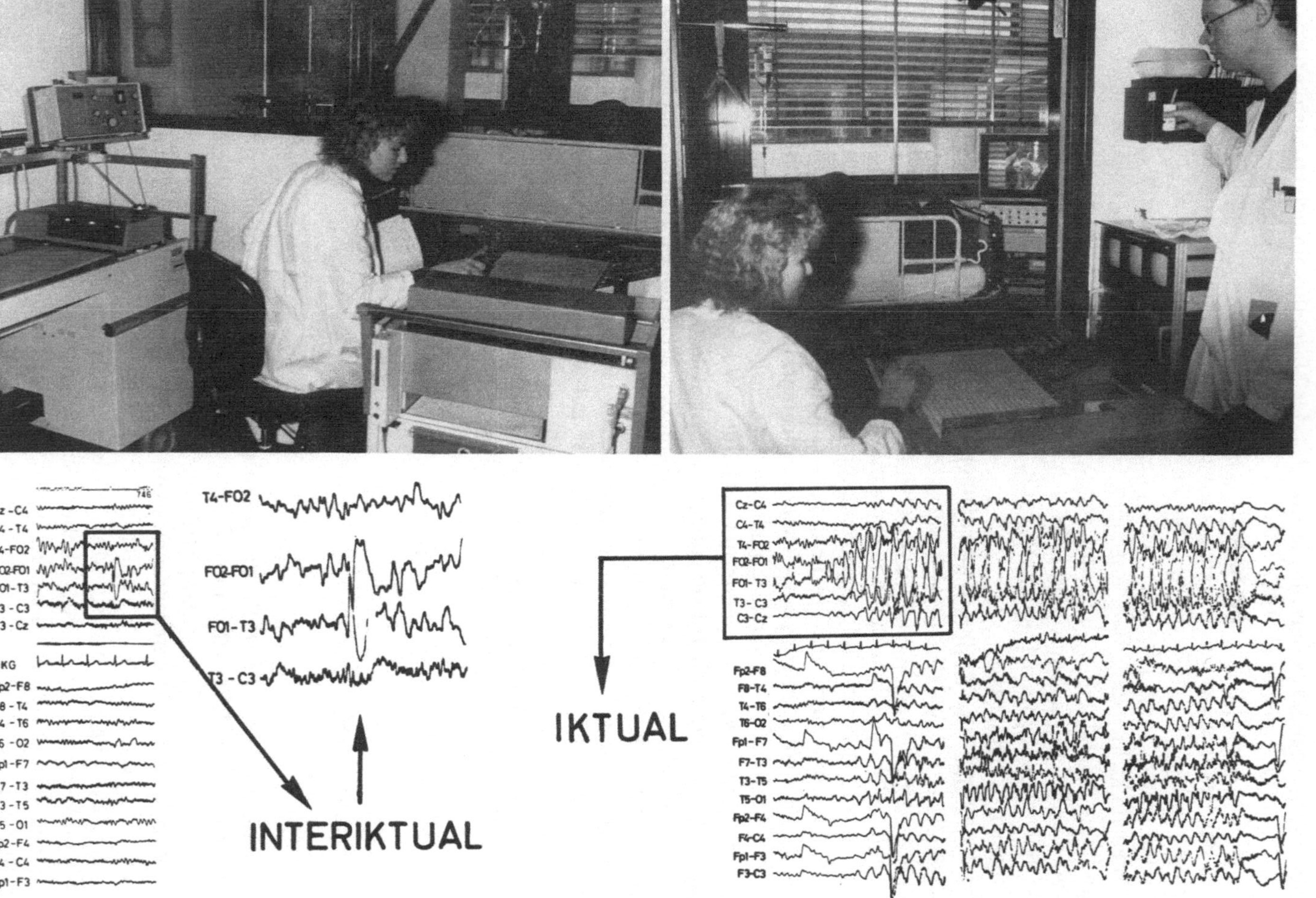

Abb. 1. Intensivmonitoring mit videokontrolliertem Langzeit-EEG mittels invasiver und nichtinvasiver Elektroden. Interiktual fokale Spikeaktivität im Bereich der linken Foramen-ovale-Elektrode; iktual während eines komplex partiellen Anfalles des gleichen Patienten Anfallsbeginn ebenfalls im Bereich der linken Foramen-ovale-Elektrode (mesial-temporal links) mit folgender sekundärerer Generalisation

fälle des Patienten ist. Abbildung 1 zeigt eine Intensivmonitoringeinheit zur synchronen Video-EEG-Registrierung. Zunächst erfolgt die Untersuchung mit nichtinvasiven Elektroden. Vor Einsatz invasiver Ableitungen sind Informationen über die interiktuale Lokalisation der epileptischen Aktivität wichtig, um optimale Bedingungen für die invasiven Ableitungen zu erzielen. Die 1. *nichtinvasive Phase* soll eine ausreichende Hypothesenbildung über die Lokalisation des vermeintlichen epileptogenen Areals und damit später u.U. möglichst gezielte invasive Ableitung mit verschiedenen Elektroden ermöglichen (2. *invasive Phase*). Zu Beginn des Intensivmonitorings sollten umfassende Ableitungen verwendet werden, die das gesamte Gehirn unter Verwendung verschiedener Montagen in großen Flächen abgreifen, bevor einzelne Gehirnregionen besonders eingehend untersucht werden (Gloor 1975). Abbildung 2 zeigt schematisch verschiedene invasive Elektroden. Die Lage der Elektroden in situ ist aus neurochirurgischer Sicht der interdisziplinären Zusammenarbeit auf Seite 111 u. 112 dargestellt. Neben der Bestimmung des Anfallstyps, der Anfallssymptome in zeitlicher Folge und der regionalen epileptischen Aktivität (umschriebene Aktivität in einigen benachbarten Elektroden) oder sogar fokalen Anfallsbeginn (eng begrenzter Beginn in 1 oder 2 benachbarten Elektroden) ist die zeitliche Korrelationen dieser Charakteristika die wichtigste Aufgabe des Anfallsmonitorings. Fokale oder regionale Aktivität ist nur dann verwertbar, wenn sie gleichzeitig oder zeitlich vor den Initialsymptomen des Anfalles registriert wird. Fokale Anfallsaktivität ist im EEG häufig durch initiale Abflachung oder Polyspikes um 18–25/s bzw. 8–12/s gekennzeichnet. Bei regionaler Aktivität herrschen eher Frequenzen von 8–12/s vor. Abgesehen von der Lokalisation ist die Aufzeichnung der Anfälle zur Erkennung von psychogenen „Pseudo"-Anfällen nicht-epileptischer Genese (hysterisch oder aber auch Synkopen) wichtig. Je nach Patientenkollektiv können bis zu 20% der Patienten, die wegen vermeintlicher Pharmakoresistenz überwiesen werden, sowohl epileptische als auch „Pseudo"-Anfälle aufweisen. Daher ist die Anfallsdokumentation in jedem Fall zusätzlich zur in-

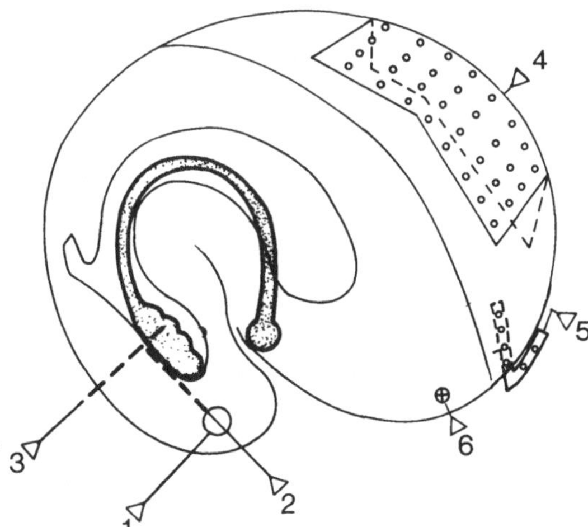

Abb. 2. Darstellung invasiver Elektroden. *1* = sphenoidal, *2* = Foramen ovale, *3* = intrazerebrale Tiefenelektrode, *4* = subdurale Plattenelektrode, *5* = subdurale Streifenelektrode, *6* = epidurale Screwelektrode. (Nach Olivier u. Delobiniere 1987)

Tab. 2. Sicherheit der Lokalisation

?	Interiktualer unilateraler Fokus in Übereinstimmung mit Läsionen im Neuroimaging
+	und iktualer fokaler Beginn im EEG zeitlich vor oder mit Anfallssymptomen in der Videosimultandoppelbildaufzeichnung (SDA); Übereinstimmung des inter- und iktualen Fokus mit funktionellem Defizit oder Läsion im Neuroimaging
−	Diskrepanz interiktuales und iktuales EEG bzw. MRT, PET, SPECT (→ invasive Ableitung erforderlich)

teriktualen epileptischen Aktivität eine wichtige Information für die Diagnose von Anfallstypologie sowie die ätiologische Zuordnung.

Die Anzahl der Anfälle, die für eine hinreichend sichere Lokalisation der fokalen Initialaktivität erforderlich ist (Tabelle 2) variiert je nach der klinischen Situation. Es sollten bei bilateraler interiktualer epileptischer Aktivität möglichst mindestens 3 Anfälle mit konstantem unilateralem Beginn im EEG registriert werden. Sporadisch auftretende Anfälle sind häufig informationsreicher als zahlreiche Anfälle einer Serie. Ein Status komplex partieller Anfälle mit zahlreichen kleinen partiellen Anfällen von beiden Temporalhirnstrukturen kann irreführende Informationen liefern, da der gewöhnlich auftretende Anfall des Patienten u. U. nicht von beidseitiger temporaler Aktivität stammt. In Zweifelsfällen können Foramen-ovale-Ableitungen wichtige zusätzliche Informationen zur Sphenoidalableitung liefern. Dies gilt v. a. im Hinblick auf Anfälle mit mesiotemporalen Beginn im Hippokampusbereich. Hier kann die führende Seite iktual mit Foramen-ovale-Elektroden besser erfaßt werden. Eine Anfallsregistrierung wird auch dann unumgänglich, wenn bei den prolongierten Ableitungen bilaterale unabhängige Spikeaktivität vorliegt, die auf der weniger aktiven Temporalhirnseite mehr als 5–10% beträgt (Andermann 1988). Anfallsregistrierungen mit Oberflächen-EEG-Ableitungen zeigen nicht immer ausreichend nützliche Informationen. Muskeleinstreuungen können das EEG erheblich überlagern, so daß der Anfallsbeginn elektrophysiologisch nicht eindeutig bestimmbar ist. Häufig zeigt sich im EEG eine diffuse Kurvenabflachung der zuvor vorhandenen Hintergrundaktivität ohne eindeutige Lokalisation oder sogar Lateralisation. Bei manchen Anfällen zeigt sich eine lateralisierte epileptische Aktivität relativ spät im Anfall. Hier kann auch ein postiktualer Verlangsamungsherd u. U. nützlich für die Lateralisation sein.

Anfallssymptome

Symptome einfach partieller Anfälle sind lediglich bei Ursprung in der somatomotorischen, somatosensorischen Region und evtl. im visuellen Kortex lokalisatorisch von Bedeutung. Bei komplex partiellen Anfällen, die ihren Ursprung vom Temporalgehirn aus nehmen, gibt es keine eindeutige lokalisatorische Anfallssymptomatik. Durch retrograde Amnesie können z. B. tatsächlich vorhandene lokalisatorische relevante Initialsymptome extratemporalen Ursprunges der Erfassung entgehen. Primär temporale Foci im Anfall können zu extratemporalen Gehirnregionen propagiert werden und dann einen extratemporalen Ursprung vortäuschen (Quesney u. Gloor 1985). Erschwert wird die Beurteilung durch das Auftreten unterschiedlicher Anfallssymptome bei demselben Patienten. In dieser Situation muß mit Hilfe eines technisch hinreichend ausgereiften videokontrollierten Langzeitmonitoringsystemes geklärt werden, ob verschiedene Anfallstypen mit unterschiedlicher Lokalisation der initialen Anfallsaktivität vorliegen oder eine konstante Lokalisation des Anfallsbeginns bei variabler Symptommanifestation im Anfall besteht. Letztere Situation kann z. B. bei unterschiedlich starker motorischer Expressivität der Symptome im Anfallsablauf vorkommen. Die Manifestation der Symptome eines komplexen iktualen Bewegungsprogrammes kann man sich bildhaft wie die Spitze von Bergen, die bei unterschiedlich hohem Wasserstand über die Wasseroberfläche herausragen, vorstellen. Bei niedrigem Wasserstand werden viele Gipfel einer Bergkette sichtbar, bei höherem Wasserstand werden u. U. einige der Berggipfel nicht über die Wasseroberfläche herausragen. Mit Hilfe einer subtilen Anfallsanalyse lassen sich bei Berücksichtigung der zeitlichen Folge von Symptomen charakteristische Sequenzen von Bewegungsprogrammen (Gebirgszug) identifizieren, die auf einen ähnlichen Anfallsablauf hinweisen können, sowohl nicht stets alle Symptome manifest werden. Die Initialsymptome stehen dem Anfallskern und damit der Lokalisation des epileptogenen Areales am nächsten, die später folgenden Symptome schließen sich wie Schalen an den Kern an. Zum Verständnis der Anfallsstruktur kann man daher von einem Kernschalenmodell epileptischer Anfallsaktivität sprechen (Stefan 1982).

Mit Hilfe nichtinvasiver Untersuchungsbedingungen lassen sich bei Temporalhirnepilepsien unter Einsatz von Sphenoidalelektroden in ca. 40% regionale epileptische Initialaktivitäten feststellen.

Bei Frontalhirnepilepsien waren regionale Initialaktivitäten im Anfall in ca. 22% und Lateralisation in 11% möglich. Bei Verdacht auf Frontalhirnepilepsien sind Supraorbitalelektroden (Quesney et al. 1981) oder Nasoethmoidalelektroden bzw. sogar epidurale, subdurale (Lüders et al. 1982) oder intrazerebrale Ableitungen erforderlich (Gloor 1975). Die wichtigsten Indikationen für invasive Ableitungen mit subduralen Streifen und intrazerebralen Elektroden sind:

1. bitemporale, unabhängige, interiktuale epileptische Aktivität ohne ausreichenden Nachweis des iktualen Anfallsbeginns,
2. frontale bzw. mediale – im Interhemisphärenbereich befindliche – epileptogene Areale,
3. Verdacht auf sekundäre Temporalisierung bei z. B. okzipitalem oder frontalem Primärherd,
4. fokale und generalisierte Aktivität beim gleichen Patienten,
5. Diskrepanz zwischen interiktualem und iktualem Befund sowie den Befunden des Neuroimaging.

Die Bedeutung der verschiedenen Untersuchungsmethoden sowie die Reliabilität der Lokalisation ist in Tabelle 2 schematisch dargestellt. Der Vorteil invasiver Verfahren besteht nicht nur darin, daß sie artefaktfreiere Ableitungen ermöglichen, sondern daß auch die Genauigkeit der Lokalisation bei gezieltem Einsatz erheblich verbessert werden kann. Plattenelektroden mit über 60 Kontakten können wichtige Informationen über die Ausdehnung der epileptischen Aktivität in einem bestimmten Gehirnareal liefern (Wyllie et al. 1987). Die Auswahl der Untersuchungsverfahren hängt von dem individuellen klinischen Problem im Hinblick auf die Lokalisation ab. Grundsätzlich gilt das Prinzip, daß die am wenigsten invasive Methode für den jeweiligen Fall auszuwählen ist. Patienten mit charakteristischen Anfallssymptomen eines Temporallappenanfalles, jedoch bilateral unabhängigen epileptischen interiktualen Aktivitäten werden daher häufig zunächst mit Foramen-ovale-Elektroden untersucht, bevor intrazerebrale Tiefenelektroden eingesetzt werden. Zusätzlich werden u. U. frontal spezielle epidurale Elektroden benutzt, um eine frontale Initialaktivität nicht zu übersehen. Falls Anfallssymptome oder andere Befunde nicht eindeutig auf den Temporallappen hinweisen, muß um so mehr nach einem möglichen frontalen Fokus in der Orbitalhirnregion oder medialen Region gefahndet werden. Falls die Seite der für die Anfälle des Patienten relevanten epileptischen Aktivität bekannt ist, aber nicht eindeutig erwiesen ist, ob die Anfälle frontal, temporal oder okzipital entstehen, sind u. U. ausgedehnte unilaterale invasive Explorationen mit Subdural- oder Tiefenableitungen erforderlich. Bei der Indikation zur invasiven Diagnostik muß berücksichtigt werden, daß intrakranielle Untersuchungen ein Risiko von Infektion, Blutungsgefahr und anderen Komplikationen aufweisen, die insgesamt mit dem Risiko der operativen Entfernung des epileptogenen Gehirngewebes vergleichbar ist. Daher muß der Informationsgewinn im Hinblick auf eine mögliche Operation durch die vorgesehene invasive Untersuchung gegenüber dem potentialen Risiko abgewogen werden. Der Untersuchungsgang zur Identifizierung eines oder mehrerer epileptogener Herde als Ausgangspunkt für die Anfallsaktivität eines Patienten ist in den letzten Jahren durch verschiedene

Tab. 3. Vorgehen in Stufen bei der präoperativen Diagnostik. Die Anwendungen der einzelnen Untersuchungsmethoden werden für jeden Patienten individuell bestimmt. Einzelheiten zu den verschiedenen Untersuchungsschritten und -verfahren in den entsprechenden Beiträgen. Die Operationsindikation wird in gemeinsamer Konferenz von Epileptologen, Neuropsychologen und Neurochirurgen individuell gestellt. Gleiches gilt auch für das Operationsverfahren

Operation
Kortikographie

Invasive Diagnostik
Subdural- bzw. Tiefenableitung
Angiographie oder Wada-Test

Intensivmonitoring
Nichtinvasiv: inter- und iktual
MEG
Iktuales SPECT

Therapieresistenzprogramm
Diagnose (MRT, SPECT/PET), Compliance (Blutspiegel)
Neuropsychologie, soziale und psychiatrische Situation

nichtinvasive Techniken verbessert worden (Tabelle 3). In der nichtinvasiven Diagnostik (Stufe I) konnte durch Magnetresonanztomographie, Positronenemissionstomographie, Single-Photonen-Emissionscomputertomographie und Magnetoenzephalographie wichtige zusätzliche lokalisatorische Erkenntnisse gewonnen werden. Die invasive Stufe-II-Diagnostik wird daher weniger häufig, d. h. bei mangelnder Übereinstimmung der Stufe-I-Diagnostik, eingesetzt werden. Als letzte elektrophysiologische diagnostische Maßnahme wird die intraoperative Kortikographie zur Erfassung der Ausdehnung des epileptogenen Gehirnareals während der Operation durchgeführt. Sie wird u. a. im Hinblick auf eine individuell besser angepaßte („tailored") Resektion durchgeführt. Von manchen Zentren wird die Elektrokortikographie präoperativ im Rahmen von invasiven videokontrollierten Langzeitableitungen eingesetzt. Besonders bei extratemporalem Fokus sind elektrokortikographische (ECOG) Explorationen für eine exakte Lokalisation und die topographische Beziehung zu neuropsychologisch wichtigen, funktionstragenden Gehirnarealen (z. B. Sprachregion, Zentralregion etc.) von Bedeutung. Durch neue Entwicklungen der Computertechnologie können sogar Signale von großflächigen Multikontaktelektroden (GRIDS) in Langzeitableitungen registriert, gespeichert und später einer „automatischen Analyse" unterzogen werden. Nach Gloor (1985) ergänzen sich die verschiedenen elektrophysiologischen Betrachtungsebenen folgendermaßen: Das Oberflächen-EEG entspricht einem getrübten Blick über weite Teile des Gehirns und intrazerebrale Tiefenableitungen einer sehr klaren Sicht in einem kleinen Bereich (Tunnelsicht). Für Subduralableitungen mit Streifen oder Platten kann der Vergleich mit einer Lupensicht gewählt werden. Die Kunst der präoperativen Diagnostik besteht darin, diese verschiedenen Sichtweisen durch gezielte, klinisch untermauerte Strategie optimiert zu kombinieren. Aufgrund der hypothetischen Vorteile der Bestimmung der Magnetfeldverteilung ist zu erwarten, daß mit dieser nichtinvasiven Methode eine dreidimensionale Lokalisation möglich wird, wobei der Blick auf das ganze Gehirn gerichtet ist (Stefan et al. 1988a). Zu eingehenden Ausführungen über das Magnetoenzephalogramm wird auf den Beitrag S. 63 verwiesen.

Magnetresonanztomographie (MRI)

Die Entwicklung der Magnetresonanztomographie hat zu einer wesentlichen Verbesserung der Darstellung morphologischer Veränderungen bei Patienten mit pharmakoresistenten Epilepsien geführt. Dies betrifft v. a. kleine Läsionen, die sich im Computertomogramm nicht darstellen lassen, wie z. B. Gliosen und hier insbesondere die Ammonshornsklerose mediobasaler Temporallappenanteile (Abb. 3), oder Tumoren und Atrophien. Kleine, sog. kryptogenetische kavernöse Angiome wurden vor Anwendung der Magnetresonanztomographie häufig in der präoperativen Diagnostik nicht erfaßt. Sie entgehen u. U. dem Nachweis durch das Computertomogramm und sogar der Angiographie. Hinweise liefert

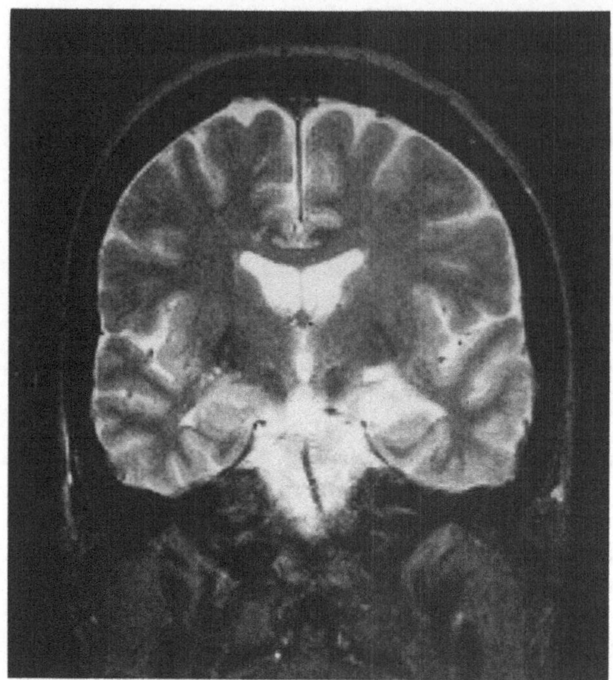

Abb. 3. Gliose im Bereich des Hippokampus bei einem Patienten mit Temporallappenepilepsie und epileptogenem Areal mediobasal-temporal links

oft erst das Kontrastmittelcomputertomogramm, bevor das Angiom schließlich durch die Magnetresonanztomographie nachgewiesen wird. Kryptogenetische kavernöse Angiome können zu Blutungen führen und stellen abgesehen von der Blutungsgefahr (10–30%) einen möglichen Realisationsfaktor für eine symptomatische fokale Epilepsie (40–70%) dar. Postoperativ wurde bei Temporal- und Frontalhirnepilepsien nach Angiomentfernung und Resektion des epileptogenen eisenhaltigen Gehirnparenchyms in bis zu 90% Anfallskontrolle erzielt (Farmer et al. 1988). Eine weitere spezielle Aufgabe im Rahmen der präoperativen Diagnostik kommt der Computertomographie und Magnetresonanztomographie beim Nachweis der sog. medialen Temporallappensklerose zu, die auf eine postnatale Herniation der medialen Temporallappenabschnitte im Tentoriumschlitz zurückgeführt wird. Die Prognose der operativen Behandlung bei Patienten mit medialer Sklerose ist besonders günstig. Zur präoperativen Erfassung und Strukturveränderung, besonders im Temporallappen, ist die Magnetresonanztomographie daher heute unentbehrlich. Der Informationsgewinn im Hinblick auf Läsionen durch die Kernspintomographie im Vergleich zur Computertomographie beträgt das 3- bis 4fache (Janz et al. 1984; Böcher-Schwarz 1987; Stefan et al. 1987). Vor allem kleine, strukturelle Läsionen können mit Hilfe der Kernspintomographie nachgewiesen werden. Die Erfassung fokaler kortikaler Dysplasien und Makrogyrien (Andermann et al. 1985; Hardimann et al. 1988) wird durch das MRI ebenfalls verbessert. Das Kernspintomogramm kann dann sehr hilfreich sein, da der Befund die elektrophysiologische Lokalisation bestätigen kann. Bei Nachweis einer Veränderung im Kernspintomogramm muß der Beweis der Kongruenz mit dem epileptogenen Areal durch EEG-Registrierungen geführt werden. Das sog. „UBO" („unidentified bright object") im Kernspintomogramm kann allerdings zu einer Fehlinterpretation führen.

Im Anschluß an fokale Anfälle bzw. Status kann ein fokales Ödem nachweisbar sein. Aus diesem Grund ist die zeitliche Beziehung der Untersuchung zu dem Auftreten von Anfällen zu berücksichtigen. Unter Umständen kann ein fokales Ödem zur irrtümlichen Annahme ein Gehirnneoplasmas verleiten (Kramer et al. 1987). Bei Kenntnis dieser Veränderung und der richtigen elektroklinischen Korrelation wird man von einer unnötigen invasiven Diagnostik (Angiographie) Abstand nehmen können. Das fokale Ödem entsteht infolge der metabolischen Störungen im epileptogenen Gehirnareal im Verlauf des Anfalls bzw. des Status. Mit dem Abklingen des Anfalls bzw. Status bildet sich das Ödem zurück (Bauer et al. 1989).

Magnetresonanztomographische Registrierungen des Gehirns werden zu stereotaktischen Implantationen invasiver Elektroden herangezogen. Dabei wird die topographische Beziehung der Gehirn- und Gefäßstruktur mittels digitaler Substraktionsangiographie erstellt (Olivier u. Delobiniere 1986).

Eine Kombination von funktionellem Imaging – durch Mapping elektrischer oder magnetischer Signale des Gehirns – mit strukturellem Neuroimaging (MRI) stellt einen wichtigen neuen Ansatz zur Verbesserung der präoperativen Diagnostik dar. Die epileptogene Quelle kann in das mittels MRI dargestellte Gehirn des Patienten projiziert werden (Stefan et al. 1988). Erste Erfahrungen in der präoperativen Diagnostik sind erfolgversprechend.

In Ergänzung zur präoperativen Diagnostik dient die Magnetresonanztomographie der postoperativen Verlaufskontrolle des operierten Bereiches und seiner Randgebiete. Dabei werden Blutungen, Gliosen und Tumorverhalten kontrolliert.

PET und SPECT-Imaging

Neben der Erfassung regionaler, morphologischer Strukturveränderungen konnten in den letzten Jahren nuklearmedizinische Verfahren entwickelt werden, die den Stoffwechsel (PET, Positronenemissionstomographie) und/oder die regionale Hirndurchblutungsänderungen registrieren (SPECT). Die Verteilung bestimmter Isotope kann mit Hilfe der PET-Untersuchung im Schnittbild dargestellt werden. Positronenemittierende Nuklide können zur Darstellung physiologischer und pathophysiologischer Vorgänge benutzt werden. Das positiv geladene Positron vereinigt sich nach dem radioaktiven Zerfall eines Atomkernes mit dem entgegengesetzt negativ geladenen Elektron. Dabei wird Strahlungsenergie freigesetzt, und es entstehen 2 Gammaquanten, die im Falle der PET mit 2 Detektoren in zeitlicher Koinzidenz nachgewiesen werden. Durch eine Vielzahl von Projektionen der Aktivitätsverteilungen kann im Computer ein Querschnittsbild der Verteilung errechnet und später dargestellt werden (Heiss et al. 1988).

Bei Patienten mit fokalen Epilepsien konnten interiktual in 70–90% ein oder mehrere hypometabole Areale im PET nachgewiesen werden (Böcher-Schwarz 1987; Engel et al. 1982, 1983). Eine regionale Hypoperfusion (Biersack et al. 1985) ließ sich in 50–75% mit Hilfe des SPECT nachweisen. Der Vergleich von MRI, PET und interiktualen SPECT zeigt, daß das PET höchste Sensitivität hinsichtlich des Nachweises einer Funktionsstörung aufweist (Stefan et al. 1987). Allerdings sind die hypometabolen Areale interiktual relativ groß und kommen sowohl bei Epilepsie als auch bei anderen Funktionsstörungen vor. Die interiktualen Messungen des Stoffwechsels und/oder der regionalen Hirndurchblutung liefern allerdings wertvolle ergänzende Befunde im Rahmen der nicht-invasiven präoperativen Diagnostik (Abb. 4). Sie können sowohl zur Planung weiterer elektrophysiologischer Untersuchungen herangezogen werden oder aber auch im Sinne eines bestätigenden Tests dienen, der im positiven Fall auf die gleiche Hirnregion wie die anderen Verfahren hinweist. Bei Patienten mit sekundär generalisierten Anfällen im Rahmen einer fokalen Epilepsie ließ sich mit Hilfe des PET ein unilateraler interiktualer hypermetaboler Bezirk in der Fokusregion nachweisen (Chugani et al. 1987). Den einzigen spezifischen Nachweis epilepsietypischer Aktivität liefert allerdings z. Z. die Elektroenzephalographie und seit kurzem die Magnetoenzephalographie.

Bisher liegen nur vereinzelt Berichte über Messungen von PET und SPECT während epileptischer Anfälle (Abb. 5) vor (Podreka 1987; Stefan et al. 1987, 1988b; Feistel et al. 1987, Engel et al. 1984). Nach heutigem Kenntnisstand sind systematische Registrierungen während eines epileptischen Anfalls nur unter gleichzeitiger simultaner Video-EEG-Registrierung interpretierbar (Stefan et al. 1988b). In Ergänzung zum EEG haben also PET und SPECT für die Erfassung

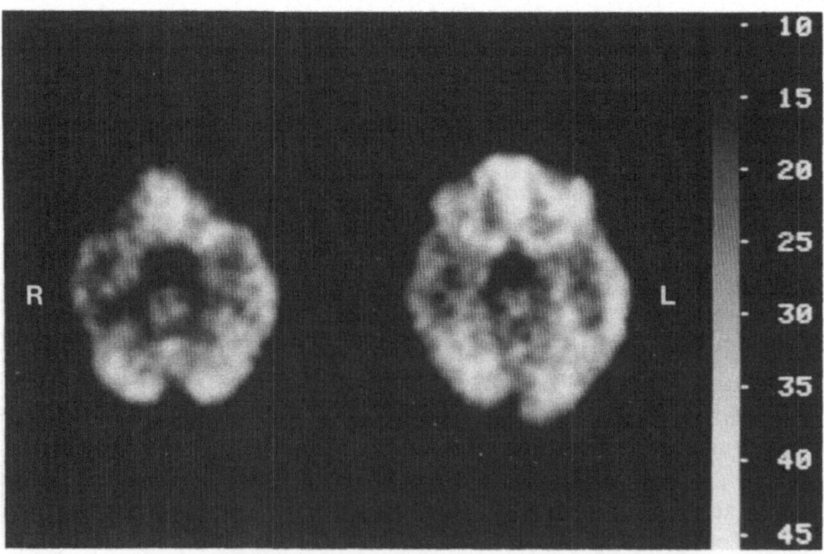

Abb. 4. PET bei Temporallappenepilepsie mit hypometaboler Zone temporal vorn und mesial rechts. (Aus Stefan et al. 1987)

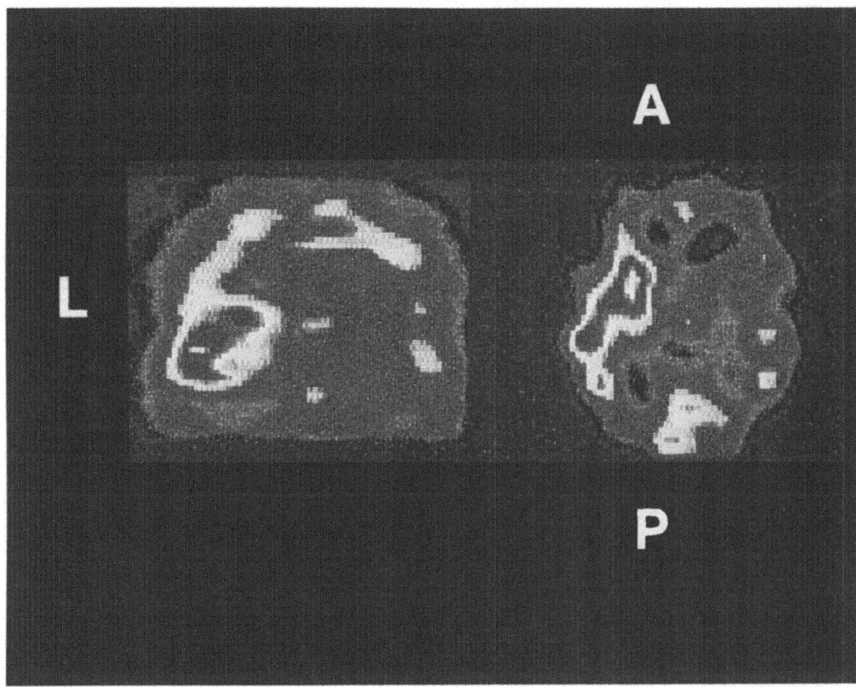

Abb. 5. Regionale Hyperperfusion temporal links während eines komplex-partiellen Anfalls mit fokalem Beginn medio-basal-temporal links (SPECT: L = links in coronarer Schicht; A = anterior; P = posterior in horizontaler Schicht)

regionaler Gehirnfunktionsstörungen als interiktuale und iktuale bestätigende Tests bei elektrophysiologisch suspekten Arealen zunehmend an Bedeutung gewonnen. Hinsichtlich der Messung während epileptischer Anfälle sind zukünftige weitere Erfahrungen erforderlich.

Zentren für Epilepsiechirurgie, die nicht nur Standardresektionen durchführen, sondern darüber hinaus extratemporale Resektionen und auf den Einzelfall zugeschnittene selektive mikrochirurgische Eingriffe im Temporallappen („selective-tailored resection") planen, müssen die epileptogene Region eines Patienten individuell definieren können. Da sogar bei Verwendung intrakranieller elektrophysiologischer Ableitungen Fehlinformationen hinsichtlich der Lateralisation und Lokalisation auftreten können, kann im Falle der Kongruenz der elektrophysiologischen Befunde mit denen des Neuroimaging die Sicherheit der Lokalisation erhöht werden. Von den nuklearmedizinischen Untersuchungsmethoden (PET, SPECT) hat PET die höchste Sensitivität und größere räumliche Auflösung hinsichtlich des Nachweises einer umschriebenen Funktionsstörung im Temporalhirnbereich. SPECT-Untersuchungen haben den Vorteil, daß ihre Funktionsbereitschaft nicht an ein Zyklotron gebunden ist und so relativ kostengünstige klinische Anwendungen möglich sind. Bei Verwendung von Tc HMPAO sind sogar iktuale SPECT-Registrierungen durchführbar und können die interiktualen Registrierungen – falls diese nicht eindeutig sind – durch wertvolle Informationen ergänzen.

Für eine epileptologische Untersuchung im Rahmen der präoperativen Diagnostik pharmakoresistenter Epilepsien stehen heute also eine Reihe komplementärer Verfahren zur Verfügung, deren Einsatz individuell an den einzelnen Patienten angepaßt werden muß. Abschließend müssen die erhobenen Befunde helfen, folgende Fragen zu klären:

1. Wo und wie gut kann der epileptogene Gehirnteil lokalisiert werden?
2. Liegt zusätzlich zur epileptogenen eine morphologische und/oder funktionell faßbare Läsion vor?
3. Besteht aufgrund der Befunde die Gefahr, daß postoperativ intolerable neurologische oder neuropsychologische Folgeerscheinungen auftreten?
4. Ist dann zu entscheiden, ob eine Operationsindikation vorliegt, worin diese Operation zu bestehen hat und welches Chancen-Risikoverhältnis besteht?

Eingehende Informationen zu technischen Details des Intensiv-Monitorings sind speziellen synoptischen Darstellungen zu entnehmen (Gotman et al. 1985; Engel 1987; Stefan u. Wieser 1987; Wieser u. Elger 1987).

Literatur

Andermann F (1988) Podiumsdiskussion über präoperative Diagnostik. Epilepsie-Kolloquium, Erlangen

Andermann F, Olivier A, Melanson D, Robitaille Y (1985) Focal cortical dysplasia, macrogyria, and epilepsy: a study of 15 patients. Abstracts of the 16th Epilepsy international Symposium, Hamburg

Bauer J, Stefan H, Huk W-J, Feistel H et al. (1989) CT, MRI and SPECT and Neuroimaging in focal status epilepticus. J Neurol in press

Biersack HJ, Reichmann K, Winkler C, Stefan H, Bülau P, Kuhnen K, Penin H (1985) 99 m-Tc-labelled hexamethylpropyleneamine oxime photon emissions scans in epilepsy. The Lancet, Dec. 1985

Böcher-Schwarz HG, Stefan H, Pawlik G, Penin H, Heiss WD (1987) Tools for localizing the epileptic fokus. Adv Neurosurg 15:158–165

Burr W, Stefan H, Fuchs-Rainer S (1988) Spike averaging zur Quantifizierung fokaler epileptischer Aktivität im Langzeit-EEG. Vortrag 33. Jahrestagung der Deutschen EEG-Gesellschaft, Hamburg

Chugani HT, Mazziotta JC, Engel J JR, Phelps ME (1987) The Lennox-Gastaut syndrome: metabolic subtypes determined by 2-deoxy-2 (^{18}F)fluoro-D-glucose positron emission tomography. Ann Neurol 21:4–13

Engel JR (1983) Metabolic patterns of human epilepsy: clinical observations and possible physiological correlates. In: Baldy-Moulinier M, Ingvar H, Meldrum BS (eds) Cerebral blood flow, metabolism and epilepsy. Libbey, London Paris, pp 6–18

Engel JR (1987) Surgical treatment of epilepsy. Raven Press, New York

Engel JR, Driver J, Falconer MV (1975) Electrophysiological correlates of pathology and surgical results in temporal tobe epilepsy. Brain 98:129–156

Engel JR, Kuhl DE, Phelps ME, Crandall PH (1982) Comparative localization of epileptic foci and partial epilepsy by PET and EEG. Ann Neurol 12:529–537

Farmer JP, Cosgrove GR, Villemure JG, Meagher-Villemure K, Tampieri D, Melanson D (1988) Intracerebral cavernous angiomas. Neurology 38/11:1699–1704

Feistel H, Stefan H, Bauer J, Wolf F (1988) Iktuales TC-^{99m}-HMPAO SPECT. Vortrag, European Nuclear Medicine Congress, Milan

Gloor P (1975) Contributions of electroencephalography and electrocorticography to the neurosurgical treatment of the epilepsies. In: Purpora DP, Penry JK, Walter RD (eds) Neurosurgical managment of the epilepsies. Advances in neurology, vol 8. Raven Press, New York, pp 59–105

Gotman J, Gloor B, Schaul N (1978) Comparison of traditional reading of the EEG and automatic recognition of interictal epileptic activity. Electroencephalogr Clin Neurophysiol 44:48–60

Gotman J, Ives JR, Gloor B (1985) Longterm monitoring in epilepsy. Electroenzephalogr Clin neurophysiol [Suppl 37]

Hardiman O, Burke T, Phillips J, Murphy S, Moore B, Staunton H, Farrell MA (1988) Microdysgenesis in resected temporal neocortex: Incidence and clinical significance in focal epilepsy. Neurology 38:1041–1047

Heiss WD, Herholz K, Pawlik G, Szelies D, Wagner R, Wienhaar F (1988) Positronenemissionstomographie. Neurol Psychiatr (Bucur) [Sonderheft 2]:47–50

Ives JR, Gloor P (1977) New sphenoidal electrode assembly to permit long-term monitoring of the patient's ictal or interictal EEG. Electroencephalogr Clin Neurophysiol 45:575–580

Janz D, Meencke HJ, Schörner W (1984) Kernspintomographische Untersuchungen bei Patienten mit Temporallappenepilepsie. In: Groß R (ed) Epilepsie 84. Einhorn, Reinbek, S 238–242

Jensen I, Klincken L (1976) Temporal lobe epilepsy and neuropathology. Neurol Scand 54:391

Kramer RE, Lüders H, Lesser RP, Weinstein MR, Dinner DS, Morris HH, Wyllie E (1987) Transient focal abnormalities of neuroimaging starting during focal status epilepticus. Epilepsia 28:528–532

Lüders H, Hahn J, Lesser RB, Dinner DS, Rothner D, Ehrenberg G (1982) Localization of epileptogenic spike foci: comparative study of closely spaced scalp electrodes, nasoethmoidal-, sphenoidal-, subdural- and depth-electrodes. In: Akimoto H, Kazamatsuri K, Seino M, Ward AA (eds) Advances in epileptology. XIIIth Epilepsy International Symposium. Raven Press, New York, pp 175–189

Olivier A, Delobiniere A (1987) Sterotactic techniques in epilepsy. Neurosurgery 2/1: 257–284

Podreka I (1987) HMPAO in clinical practice. Nucl 8:559–572

Quesney LF; Gloor P (1985) Localization of epileptic foci. In: Gotman J, Ives JR, Gloor P (eds) Longterm monitoring in epilepsy. Electroencephalogr Clin Neurophysiol [Suppl 37]:165–200

Quesney LF; Katsarkas R, Gloor P, Anderman F (1981) Contribution of nasoethmoidal electrode recording in the electrographic exploration of frontal and temporal lobe epilepsy. In: Dam M, Gram I, Penry JK (eds) Advances in epileptology. XIIth Epilepsy Symposium. Raven Press, New York, pp 293–304

Quesney LF, Constain M, Rasmussen T, Stefan H, Olivier A (1987) How large are frontal lobe epileptogenic zones? EEG, ECOG and clinical evidence; Symposium on Frontal Lobe Epilepsy, Esclimont, Paris

Rasmussen T (1983) Characteristics of a pure culture of frontal lobe epilepsy. Epilepsia 24:482–493

Stefan H (1982) Untersuchungen zur Pathophysiologie, Klinik und Verlauf epileptischer Absencen. Thieme, Stuttgart

Stefan H, Wieser HG (1987) Prächirurgische epeleptologische Intensivevaluation. In: Bätz B, Künkel H (Hrsg) Prächirurgische Diagnostik und operativ Behandlung bei therapieresistenten Zuckschwerdt, München Wien San Francisco, S 18–38

Stefan H, Pawlik G, Böcher-Schwarz HG, Biersack HJ, Burr W, Penin H, Heiss WD (1987) Functional and morphological abnormalities in temporal lobe epilepsy: a comparison of interictal and ictal EEG, CT, MRI, SPECT and PET. J Neurol 234:377–384

Stefan H, Bauer HJ, Neubauer U, Feistel H, Schulemann H, Huk WJ (1988a) Vergleich von Untersuchungsbefunden der präoperativen Epilepsiediagnostik unter Einbezug eines Mehrkanal-MEG. Deutsche EEG-Gesellschaft, 33. Jahrestagung, Hamburg

Stefan H, Feistel H, Bauer HJ, Erbguth F, Wolf F, Neundörfer B (1988b) Regionale Hirndurchblutungsänderungen im epileptischen Anfall: Messungen mittels ^{99}Tc-HMPAO SPECT. Nervenarzt 59:299–303

Stefan H, Rasmussen T, Quesney F (1989) Secondary bilateral synchrony in frontal and multilobar epilepsy. Vortrag, 50th Anniversary, Montreal

Wieser HG, Elger HC (1987) Presurgical evaluation of epileptics. Springer, Berlin Heidelberg New York Tokyo

Wieser HG, Elger CE, Stodieck SRG (1985) The ‚foramen ovale electrode': a new recording method for the preoperative evaluation of patients suffering from mediobasal temporal lobe epilepsy. Electroencephalogr Clin Neurophysiol 61:314–322

Wyllie E, Lüders H, Morris HH et al. (1987) Clinical outcome after complete or partial cortical resection for intractable epilepsy. Neurology 37:1634–1641

Die Magnetoenzephalographie und ihre Möglichkeiten*

J. Vieth und P. Schüler

Prinzip

Die elektrische Aktivität des menschlichen Gehirns erzeugt ein magnetisches Feld, das außerhalb des Schädels meßbar ist, ähnlich wie die Verteilung elektrischer Potentialdifferenzen auf der Kopfhaut (Williamson et al. 1983). Die Magnetoenzephalographie (MEG) ist sozusagen die Schwester der schon lange bekannten Elektroenzephalographie (EEG). Messungen magnetischer Felder des Kopfes in den letzten Jahren haben gezeigt, daß fokale neuronale Aktivität auf einige Millimeter genau mit ihrem Schwerpunkt dreidimensional bestimmbar ist (Williamson u. Kaufman 1988). Daher besteht auch von der Seite der – insbesondere prächirurgischen – Epilepsiediagnostik ein großes Interesse an dem Einsatz dieser neuen nichtinvasiven Möglichkeit (Vieth 1984, 1987). So ist die MEG eine wesentliche Ergänzung der EEG bei der örtlichen Bestimmung umschriebener neuronaler Quellen (Vieth 1984, 1987).

Ein wesentlicher Unterschied zwischen MEG und EEG ist, daß das Gehirn und die umgebenden Gewebe (Hirnhäute, Knochen und Haut) für die interessierenden magnetischen Felder transparent sind, so daß sie ohne Verzerrung aus dem Kopf austreten können. Im Gegensatz dazu wird das EEG nachhaltig von den zwischen Elektrode und neuronalen Quellen liegenden Gewebswiderständen beeinflußt, besonders durch den Knochen mit seinem hohen elektrischen Widerstand (Cohen u. Cuffin 1983; Williamson u. Kaufman 1981a). Ein weiterer wesentlicher Unterschied zwischen MEG und EEG besteht darin, daß beim MEG keine Referenzelektrode erforderlich ist. Es wird beim MEG der magnetische Fluß unterhalb der Sensorspule gemessen. Dies ist also eine rein örtliche, referenzlose Ableitung, bei der die Aktivität an einem anderen Ort keine Rolle spielt, wie es beim EEG der Fall ist (Cohen u. Cuffin 1983).

* Dank gilt für die klinische Zusammenarbeit B. Neundörfer (Neurologische Universitätsklinik Erlangen), für die Zusammenarbeit auf dem Gebiet der Epileptologie und präoperativen Diagnostik H. Stefan (Neurologische Universitätsklinik Erlangen), für die neuroradiologische Zusammenarbeit W. Huk (Neuroradiologische Abteilung in der Neurochirurgischen Universitätsklinik Erlangen) und für die physikalische Zusammenarbeit G. Saemann-Ischenko (Physikalisches Institut der Universität Erlangen-Nürnberg).

Seit der ersten Registrierung des magnetischen Feldes des Herzens von Baule u. McFee (1963) – noch mit einer Spule mit mehreren Millionen Windungen – wurden von vielen Organen des menschlichen Körpers magnetische Felder gemessen. Neuromagnetische Felder sind jedoch viel schwächer als die des Herzens, weil auch die neuronalen Stromquellen viel schwächer sind. So ist das typische magnetische Feld über der Kopfhaut rund 1 Milliarde mal schwächer als der Erdmagnetismus.

Daher mußte zur Registrierung erst ein sehr empfindliches Meßinstrument entwickelt werden, das SQUID („superconducting quantum interference device", Zimmerman et al. 1970). Cohen (1968, 1972) konnte damit erstmals die α-Aktivität des Menschen registrieren. Die ersten magnetischen evozierten Antworten kamen 3 Jahre später im visuellen Bereich (Brenner et al. 1975; Teyler et al. 1975), und bald konnten spontane epileptische Spikes (Barth et al. 1982, 1984b) und spontane ϑ- und δ-Aktivität (Chapman et al. 1983) ausgewertet und diese Aktivität dreidimensional im Schädel geortet werden.

Die hohe Empfindlichkeit des SQUID ist durch das Phänomen der Supraleitung möglich. Die Bauteile sind von flüssigem Helium ($-269°$ C) umgeben, um die Supraleitung aufrechtzuerhalten. Die ganze Apparatur befindet sich in einer Art von großer Thermosflasche, um die Heliumverdampfung zu verringern und das eigentliche SQUID aufzunehmen. Die Messung geschieht mit Hilfe supraleitender Ableitespulen, die sich am Boden eines Fortsatzes der Thermosflasche ganz dicht am Kopf befinden. Die gemessenen Signale werden dann in das eigentliche SQUID, einen supraleitenden Ring oder Zylinder, eingekoppelt. Diese Einkopplung findet bereits bei äußerst schwachen Magnetfeldern in Form magnetischer Flußquanten statt. Eine entsprechende Elektronik, die bei Zimmertemperatur arbeitet, sorgt dafür, daß die Ausgangsspannung genau dem der Eingangsspule zugeführten magnetischen Fluß entspricht (Erné 1983).

Um nun die störenden Felder (z. B. Erdmagnetismus und Magnetfelder technischer Quellen aus dem Lichtnetz) von der Sensorspule fernzuhalten, kann man eine Abschirmkammer aus Mumetall (Kosten z. Z. ca. DM 700 000) verwenden (Erné et al. 1981). Bei weniger gestörter Umgebung genügt – bis zu einem gewissen Grade an Störung – jedoch auch eine bestimmte Anordnung der Eingangsspulen, das sog. Gradiometer, bei dem weiter entfernt liegende magnetische Quellen sich gegenseitig durch 2 gegensinnig gewickelte Spulen aufheben. Die gebräuchlichste Form ist das Gradiometer 2. Ordnung (Williamson u. Kaufman 1981a).

Ähnlich wie beim EEG wird auch beim MEG abhängig von der Registrierfläche eine mehr oder weniger große Summe registriert, hier zusammengesetzt aus Einzelmagnetfeldern. An der Kopfoberfläche ist dann das Verteilungsmuster der die Oberfläche schneidenden magnetischen Feldlinien meßbar und bei der Auswertung durch Interpolation als Isokonturlinien in einer Karte darstellbar. Bekannt ist dieses Vorgehen bereits vom EEG-Brain-Mapping für elektrische Isokonturlinien.

Zur vollen Ausnutzung der Stärke der MEG-Methode (große räumliche Auflösung bei fokalen Quellen) sind mindestens 20–50 Meßpunkte einer Meßmatrix mit einem Punktabstand von 2 bis höchstens 3 cm erforderlich. Bei Einkanalgeräten muß an allen Punkten nacheinander gemessen werden, bei Wenigkanalgeräten in mehreren Serien von Punkten. Dabei kann die Auswertung nur Signale berücksichtigen, die während der Ableitezeit häufig wiederkehren.

Einerseits wird dazu die von den evozierten Potentialen her bekannte Averagemethode benutzt, bei der ein konstanter zeitlicher Bezugspunkt erforderlich ist. Die evozierten Felder sind durch den Reiz zeitlich genau festgelegt, die epileptische Aktivität durch die spitzen Potentiale und die α- oder β-Grundaktivität durch ihren regelmäßigen Rhythmus.

Andererseits weisen jedoch die ϑ- und δ-Aktivität keinen festen zeitlichen Bezugspunkt auf, so daß die Averagemethode versagt. Hier wechselt man aus der Zeit- in die Frequenzdomäne. Es wird jetzt ein gewünschter Frequenzanteil für einen bestimmten Zeitabschnitt herausgefiltert und integriert. Dabei muß man Sorge tragen, daß während dieser Integrationszeit von 1–5 min pro Meßvorgang die Amplitudenschwankungen eliminiert werden. Dazu wurde von Chapman et al. (1983) die Methode der sog. „relativen Kovarianz" entwickelt, bei der ein EEG-Kanal mit der zu untersuchenden Aktivität zusätzlich als Referenz dient.

Auch Powerspektren kann man verwenden und die Werte bestimmter Frequenzspitzen im Powerspektrum zur Bildung einer Isokonturkarte heranziehen. Bei Powerspektren ist jedoch bei Einkanal- und Wenigkanalgeräten bei der nacheinander erfolgenden Messung die Varianz der Generatoren während der Integrationszeit meist zu störend (Elger et al. 1988; Vieth et al. 1988).

Abbildung 1 zeigt zweidimensional an den Punkten einer Meßmatrix jeweils eine aus 10–30 einzelnen epileptischen Spikes gemittelten Kurvenabschnitten von 1 s. Die senkrechte Linie markiert die Spikekomponente, deren Amplitudenwert für die Bildung der zweidimensionalen Isokonturkarte benutzt wurde.

Bei der Methode der „relativen Kovarianz" entstehen ähnliche Karten, allerdings nicht für einen bestimmten Zeitpunkt, sondern für einen bestimmten Frequenzwert.

Bei umschriebenen und fokalen Prozessen hat es sich bewährt, zur dreidimensionalen Lokalisierung der Quelle das Modell eines Summenstromdipols anzunehmen. Allerdings versagt beim MEG (wie beim EEG) das Dipolmodell, die Größe eines pathologischen Bezirkes zu bestimmen. Hier sind neue Ansätze der Auswertung erforderlich.

Die Tiefe eines solchen äquivalenten Stromdipols unter der Schädeloberfläche kann man nun einerseits dadurch bestimmen, daß man aus dem Abstand der beiden Maxima die Tiefe berechnet: Je oberflächlicher der Dipol liegt, desto dichter liegen die Maxima aneinander, und umgekehrt. Zur Tiefenbestimmung wird in der Regel das sog. Kugelmodell benutzt, bei dem entweder inner oder außen an die Kalotte anliegend eine Kugel projiziert wird (Williamson u. Kaufman 1988).

Andererseits erhält man die Lage des äquivalenten Stromdipols aus dem „best fit" eines Vergleichs der gemessenen Daten auf der Meßfläche mit den vorwärts aus einem angenommenen Dipol berechneten Daten auf einer Modelloberfläche (z. B. Kugel) bei iterativen Veränderungen der Lage dieses angenommenen Dipols, bis eine möglichst hohe Übereinstimmung zwischen gemessenen und berechneten Daten erreicht ist (Willisamson u. Kaufman 1988).

Auch dazu wird in der Regel als Berechnungsoberfläche eine Kugel eingesetzt. Will man jedoch eine höhere Genauigkeit erreichen, kann für diese Be-

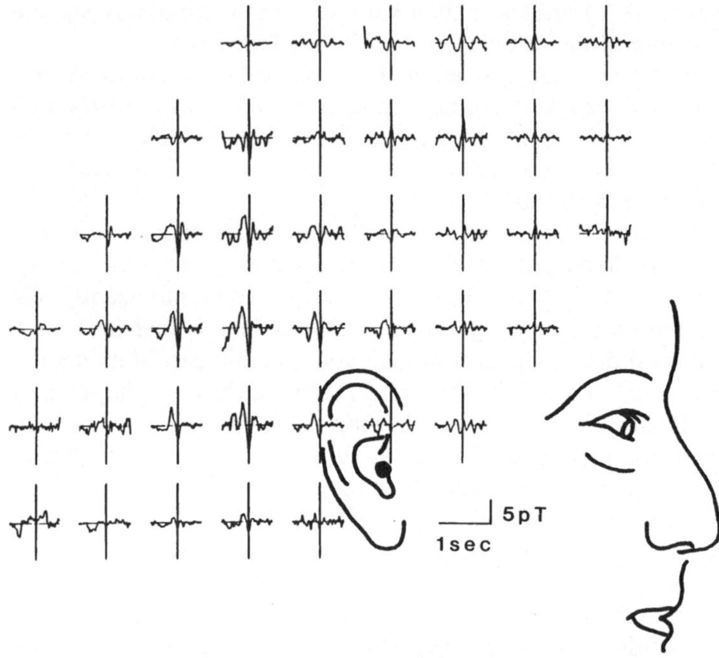

Abb. 1. Zweidimensionale aufgeklappte Meßmatrix von Abschnitten von je 1 s aufaddierter epileptischer Spikes (Average, pro Meßpunkt 10–30 Einzelspikes). Die *horizontale Grundlinie* wurde aus der Mittelung der ersten 200 ms gebildet. Die *senkrechte Linie* markiert den zeitlichen Bezugspunkt bei der 2. Komponente des Spikes zur Selektion und Aufaddierung. Aus den Amplitudenwerten dieser Komponente wird dann durch Interpolation eine Isokonturkarte gewonnen

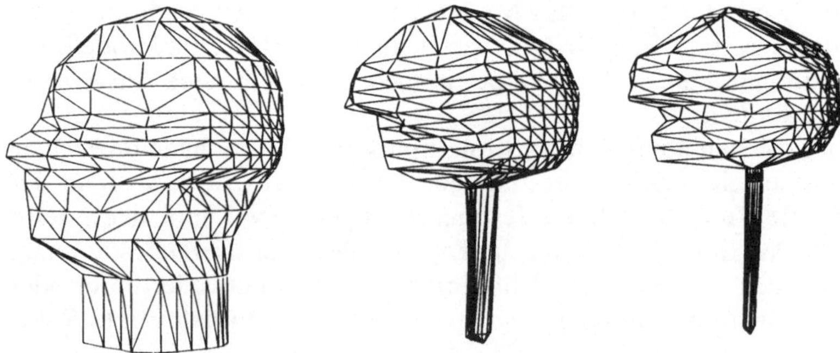

Abb. 2. Aus Dreiecken bestehende stückweise rekonstruierte realistisch geformte Kopfmodelle der Oberfläche von: Skalp (*links*), Schädel (*Mitte*), Gehirn (*rechts*). Die Modelle wurden aus den Daten von Kern-Spinresonanztomographiebildern berechnet. (Aus Meijs et al. 1987)

rechnung ein „realistically shaped head model" benutzt werden (Meijs et al. 1987). In Abb. 2 sind derartige Modelle zu sehen. Es handelt sich dabei um ein aufwendiges Rechenverfahren, dessen Daten mit Hilfe der Kernspinresonanztomographie gewonnen werden.

Zur Zeit gibt es auf dem Markt Geräte mit 7 Kanälen, die – nicht überlappend – zu 14 Kanälen addiert werden können (Firma BTi, San Diego/Ca., USA). Kürzlich hat die Firma Siemens ein Gerät mit 30 Kanälen angekündigt (Editorial 1988). Erste klinische Erfahrungen mit dem 30-Kanal-Gerät bei der präoperativen Diagnostik wurden von Stefan et al. (1988) mitgeteilt. Weitere Entwicklungen sind zu erwarten. Wie weit nun die hohe Kanalzahl direkt simultan eingesetzt werden kann, müssen die Untersuchungen mit dem 30-Kanalgerät zeigen. Eine Verbesserung des Verhältnisses von Signal zur Hintergrundaktivität wird wohl in vielen Fällen weiter erforderlich sein, so daß Average- und Relative-Kovarianz-Methode weiter eingesetzt werden müssen. Allerdings können nun die Daten an allen Meßpunkten simultan und nicht nacheinander gewonnen werden, was ein erheblicher Vorteil ist, so v. a. bei der Meßgenauigkeit und der Untersuchungsdauer.

Anwendungsbeispiele

Aus dem klinischen Einsatz sollen 3 wichtige Beispiele der Anwendung herausgegriffen werden. Dabei haben wir ein Einkanal-DC-SQUID mit einem Gradiometer 2. Ordnung der Firma BTi benutzt.

In Abbildung 3 ist die Lokalisation pathologischer Aktivität mit Hilfe der Spike-average-Methode (Karte und Dipole ‚A') und der Methode der relativen Kovarianz (Karte und Dipole ‚C') bei einem mit Hilfe der Computertomographie nachgewiesenen venösen Angiom dargestellt. Es fanden sich bei diesem Patienten mit therapieresistenten partiell komplexen Anfällen interiktual bei der Auswertung epileptischer Spikes und von δ-Aktivität mit beiden Methoden je ein Summendipol direkt an der Grenze des Angioms. Das EEG zeigte bei gleicher Meßmatrix und gleicher Ableite- und Auswertetechnik mit der Spike-average-Methode und beim Powerspektrum kein verwertbares Ergebnis (weitere Einzelheiten s. Vieth et al. 1980).

Abbildung 4 zeigt bei einem Patienten 8 Tage nach einer transitorisch ischämischen Attacke (TIA) mit einer Parästhesie und einer Parese am rechten Arm die Auswertung der vorhandenen δ-Aktivität. Es gelang eine Dipollokalisation bei 2 Hz auf der richtigen Seite und im Bereich häufig auftretender Hirninfarkte. Im Hirn-CT und im Standard-EEG konnte keine Besonderheiten gefunden werden. Das EEG-Powerspektrum zeigte nur einen Extremwert, der auf einer um 90° gegenüber den MEG-Maxima gedrehten Linie lag und so mit dem MEG-Ergebnis übereinzustimmen schien, wobei das 2. Maximum fehlte. Eine Tiefenlokalisation wurde deswegen für das EEG nicht vorgenommen.

Das längere Überdauern funktioneller Störungen bei klinischen TIA stimmt mit den an Katzen erhaltenen Ergebnissen im EEG-δ-Bereich überein, die zur

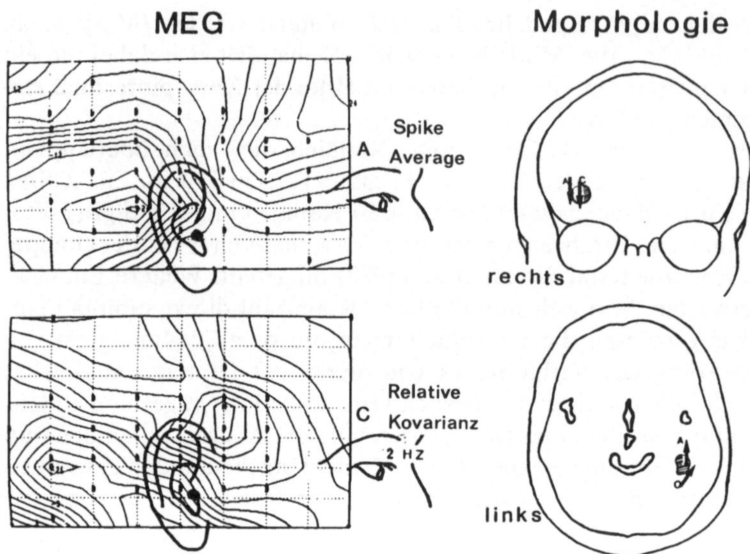

Abb. 3. Bestimmung der äquivalenten Stromdipole der pathologischen MEG-Aktivität von interiktualen epileptischen Spikes und von 2-Hz-δ-Wellen-Aktivität bei einem Patienten (23 Jahre) mit einem nachgewiesenen venösen Angiom.
Links: MEG-Isokonturkarten; oben (*A*): 1. Komponente aufaddierter epileptischer Spikes (Average, pro Meßpunkt 10–30 Einzelspikes; unten (*C*): 2-H-δ-Wellen-Aktivität, gewonnen mit der Methode der relativen Kovarianz (Integrationszeit pro Meßpunkt 64 s).
Rechts: Dipollokalisation (*Pfeile*) in frontaler (*oben*) und horizontaler (*unten*) Ebene, gewonnen aus NMR-Bildern. Angiom *schraffiert*. Dipol des Spike = *A*, Dipol der relativen Kovarianz = C

Untersuchung reversibler Störungen (Penumbra) unternommen wurden (Berkelbach van der Sprenkel et al. 1988).

Das 3. Beispiel zeigt eine weitere sehr wichtige Möglichkeit der magnetischen Ableitung. Es handelt sich um die Registrierung langsamer und sehr langsamer Magnetfeldänderung durch die gleichstromgekoppelte (DC-)Ableitung. Hier gibt es keine untere Grenzfrequenz des Übertragungskanals. Bei den üblichen nicht gleichstromgekoppelten (AC-)Ableitungen gibt es eine untere Grenzfrequenz, die meist zwischen 0,3 und 0,5 Hz liegt.

Auch hier gibt es ein Pendant im EEG: Nach Caspers et al. (1987) gibt die mit einer Gleichstromkopplung (DC) abgeleitete Komponente des EEG einen Hinweis auf das Aktivitätsniveau der betroffenen Neuronen. Die Autoren leiteten dies aus dem gleichen Verhalten von Membranpotential und kortikaler Gleichspannung bei Änderungen der CO_2-Gewebekonzentration ab.

Es gibt nur wenige DC-Potentialableitungen am Patienten; denn die Skalpableitungen sind hier durch eine Reihe von Artefakten beeinträchtigt. Beispielsweise wird jede zwischen unpolarisierbarer Elektrode und Gehirn auftretende Durchblutungsänderung oder Schweißsekretion ebenfalls gemessen (Caspers et al. 1987).

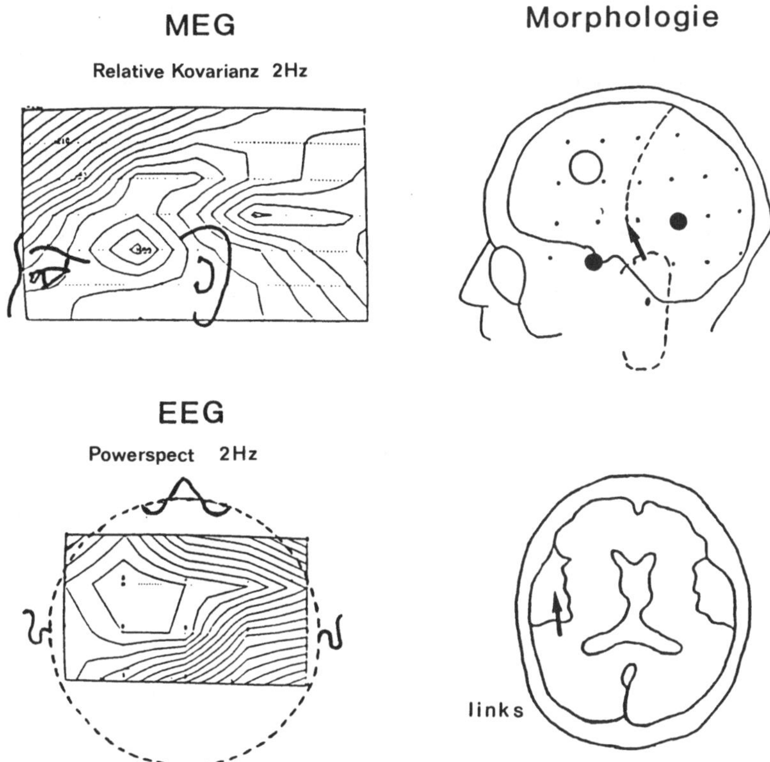

Abb. 4. Bestimmung des äquivalenten Stromdipols der pathologischen MEG-Aktivität von 2-Hz-δ-Wellen-Aktivität bei einem Patienten (74 Jahre) mit einer 24 h dauernden transistorisch ischämischen Attacke (TIA) (Parästhesie und Parese des rechten Armes), abgeleitet 8 Tage nach der Attacke.
Links: MEG- und EEG-Isokonturkarten. *Oben:* (MEG) 2-Hz-δ-Wellen-Aktivität, gewonnen mit der Methode der relativen Kovarianz (Integrationszeit pro Meßpunkt 64 s). *Unten:* (EEG) 2-Hz-δ-Wellen-Aktivität, gewonnen aus Powerspektren an 19 Punkten des internationalen 10–20-Elektrodensystems (Integrationszeit pro Meßpunkt 64 s).
Rechts: Dipollokalisation in sagittaler (*oben*) und horizontaler (*unten*) Ebene, gewonnen aus NMR-Bildern. *Oben* sind *schwarz* die Orte der beiden Extremwerte der MEG-Isokonturkarte und *weiß* ein Maximum der EEG-Isokonturkarte gekennzeichnet. Der MEG-Dipol ist in beiden Ebenen als *Pfeil* dargestellt

Schon im Jahre 1964 hat Cohn das DC-Potential bei Spike-wave-Anfällen abgeleitet. Kürzlich registrierten Stodieck u. Wieser (1987) das DC-Potential bei einer Temporallappen-Epilepsie über die invasive Foramen-ovale-Elektrode. Aber auch bei diesen Elektroden können Artefakte an den unpolarisierbaren Elektroden störend auftreten.

Bei DC-MEG-Ableitungen können weder Elektrodenartefakte noch durch Widerstandsänderungen in Haut und Knochen bewirkte auftreten, da diese Gewebe von Magnetfeldern ungehindert durchdrungen werden. Dagegen kann es beim DC-MEG andere Artefaktquellen geben, die jedoch gut erkennbar und vermeidbar sind. Dazu gehören die folgenden:

– Falls kein magnetisch abgeschirmter Raum bei der Ableitung zur Verfügung
steht, registriert die SQUID-Sonde auch Artefakte durch in der Nähe vorhandene technische magnetische Störquellen, wie z. B. Schaltvorgänge an Moto-
ren oder Leuchtstoffröhren. Bei unseren Bedingungen – ohne geschirmten
Raum und Registrierung in den Abend- und Nachtstunden und am Wochen-
ende – traten diese Störungen zwischen 0 und 8mal/min auf. Diese Artefakte
magnetischer Störquellen sind allerdings an ihrer typischen hohen Amplitude
und ihrer hohen Anstiegssteilheit zu erkennen (s. Sterne in Abb. 5). Sie sind
daher mit den biologischen Signalen (schnelle oder langsame) nicht verwechselbar, lassen jedoch bei größerer Häufigkeit keine verwertbaren MEG-Ablei-
tungen mehr zu.

– Zu den weiteren spezifischen langsameren MEG-Artefakten gehören Veränderungen der Kopflage zum Sensor. Diese Artefakte können vermieden werden
durch eine stabile Aufhängung des Sensors und zusätzlich durch eine stabile
Lagerung des Kopfes des Patienten, z. B. in einem besonderen Lagerungskis-
sen, so daß es zwischen Sensor und Kopf während der Ableitung keine

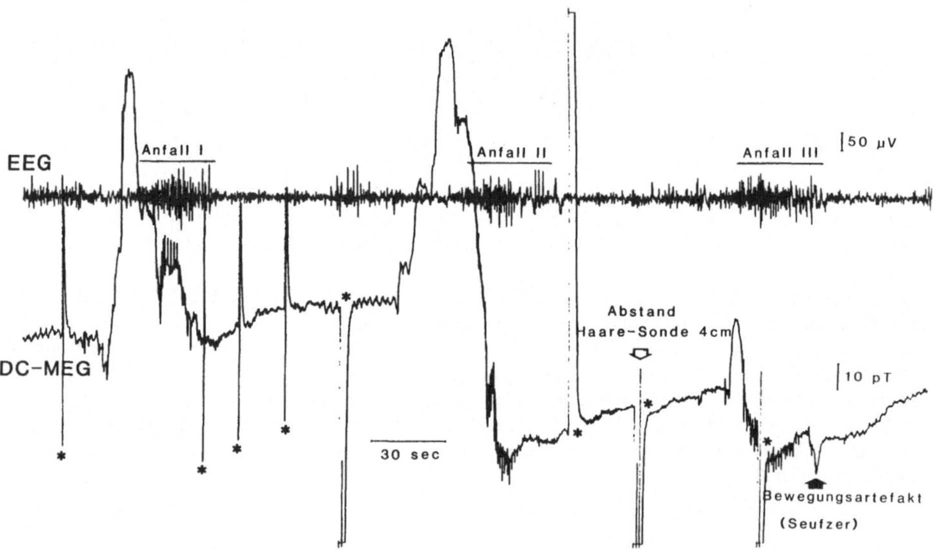

Abb. 5. 3 aufeinander folgende fokale Anfälle (fazial links) bei einem 37jährigen Mann, *oben*
EEG, *unten* DC-MEG. Technische Artefakte sind mit * gekennzeichnet. Das MEG wurde bei
T_4 und das EEG bei C_4 gleichzeitig registriert (internationales 10–20-Elektrodensystem). Die
beiden ersten Anfälle wurden mit einem Sondenabstand vom Schädel von 2 mm (unter Berührung der Haare) registriert.
Die Sonde wurde bei dem *hellen, abwärts gerichteten Pfeil* vom Schädel bis zu einem Abstand
von 4 cm zu den Haaren entfernt. Das absolute Niveau veränderte sich stark, so daß es auf das
vorher vorhandene Niveau nachreguliert wurde.
Zur Zeit des *schwarzen, aufwärts gerichteten Pfeils* wurde – nach dem 3. Anfall – aus Anlaß eines
Seufzers des Patienten der Kopf deutlich sichtbar gegen die Sonde bewegt und in die vorherige
Lage zurückgebracht. Während der gesamten anderen dargestellten Zeit wurde der Kopf des
Patienten nicht gegen die Sonde verschoben

Verschiebungen gibt. Dieses Kissen enthält kleine Styroporkügelchen. Nach der Lagerung des Kopfes auf dem Kissen wird durch Absaugen der im Kissen befindlichen Luft eine der Kopfform sehr gut angepaßte, stabile Lagerung des Kopfes geschaffen, die Bewegungen des Kopfes im Kissen nur bei deutlichem Kraftaufwand zuläßt. Bewegungen des Kopfes mit noch größerem Kraftaufwand sind nur noch möglich, wenn das ganze Kissen verschoben wird. Alle diese Bewegungen sind jedoch sichtbar. Bei unseren Ableitungen blieben diese Abschnitte unberücksichtigt oder wurden entsprechend markiert (s. Abb. 5, nach dem 3. Anfall).

– Eine weitere Artefaktquelle bei der Registrierung des DC-MEG sind Augenbewegungen. Durch die Registrierung des Elektrookulogramms (EOG) blieben Ableitungen, die im EOG Augenbewegungen anzeigten, ebenfalls unberücksichtigt. Außerdem hat sich bei Vergleichsableitungen an Versuchspersonen gezeigt, daß die Amplitude dieser Artefakte im temporalen Bereich nur noch wenige Pico-Tesla (pT) beträgt. So wäre eine Auslenkung durch Augenbewegungen keinesfalls mit den in Abb. 5 gezeigten iktualen Auslenkungen verwechselbar.

– Eine weitere Artefaktmöglichkeit beim DC-MEG entsteht beim Abknicken von Haaren (Cohen et al. 1980). Wir führten Vergleichsregistrierungen ohne Berühren der Haare durch die Sone in einer Entfernung von 4 und von 10 cm von den Haaren durch und sahen, daß die iktualen relevanten Signalanteile lediglich durch die größere Entfernung von der Quelle in ihrer Amplitude vermindert wurden. Die Form und der zeitliche Ablauf blieben jedoch im Wesentlichen unverändert (s. Abb. 5, 3. Anfall).

Die erste MEG-Registrierung langsamer Änderungen mit einer unteren Grenzfrequenz von 0,03 Hz wurde von Deecke et al. (1983) bei der Registrierung eines magnetischen Bereitschaftsfeldes gezeigt.

Weitere DC-MEG Registrierungen zeigten Barth et al. (1984a) bei epileptischen Anfällen, die bei Ratten durch einen Penicillinfokus ausgelöst wurden. Kürzlich wiesen Okada et al. (1988) im DC-MEG deutliche Auslenkungen während einer „spreading depression" des Kleinhirns der Schildkröte nach.

Wir haben nun erstmals unter den beschriebenen Maßnahmen zur Vermeidung und Eliminierung von Artefakten das DC-MEG (Einkanal-DC-SQUID, Gradiometer 2. Ordnung, BTi) bei 10 Patienten mit Epilepsie (2 iktual, 8 interiktual), bei 6 Probanden während Hyperventilation und CO_2-Rückatmung und bei weiteren 6 Probanden im Schlaf registriert (Schüler et al., unveröffentlicht; Vieth et al., unveröffentlicht).

Abbildung 5 zeigt ein Beispiel einer iktualen Ableitung des DC-MEG bei 3 fokalen Anfällen eines Patienten mit einem einfach partiellen motorischen Anfall, wobei im Anfall lediglich die mimische Gesichtsmuskulatur der linken oberen beiden Äste des N. facialis bewegt wurde. Unterkieferbewegungen waren nicht erkennbar. Die Anfälle traten durchschnittlich alle 2–10 min auf. Wir führten eine fortlaufende Registrierung von 90 min durch. Das Bewußtsein das Patienten blieb während der Anfälle erhalten. Das gleichzeitig registrierte EEG zeigt, daß jeweils schon 10–20 s vor dem motorischen und dem im EEG sichtbaren

Anfall eine exzessive Verschiebung des DC-MEG eintritt, auf die das eigentliche Anfalls-MEG aufmoduliert ist.

Der präiktuale Beginn der Auslenkung entspricht den Befunden von Stodieck u. Wieser (1987) beim DC-Potential. Allerdings blieb die Verschiebung dort während der gesamten Anfallsdauer erhalten. In unserem Fall kehrte die Auslenkung jedoch schon bei dem gleichzeitigen Beginn von EEG- und motorischen Anfallszeichen zurück. Bei einer anderen iktualen DC-MEG-Ableitung einer Patientin mit partiell komplexen Anfällen überdauerte die DC-MEG-Verschiebung die Anfallszeichen im EEG.

In Abb. 5 ist außerdem die Registrierung der iktualen MEG-Verschiebung ohne Berührung der Haare im Abstand von 4 cm zu sehen. Im wesentlichen änderte sich nur die Amplitude der iktualen Auslenkung. Kurz danach ist außerdem ein Bewegungsartefakt zu sehen, bei dem der Patient den Kopf deutlich sichtbar gegen die Sonde verschob und ihn wieder in die ursprüngliche Lage zurückbrachte (im Verlauf eines starken Seufzers nach dem Anfall).

Aufgrund der beschriebenen Maßnahmen zur Erkennung, Eliminierung und Vermeidung von Artefakten muß vermutet werden, daß die exzessiven Auslenkungen, die im zeitlichen Zusammenhang mit den Anfällen auftreten, im Zusammenhang mit der neuronalen Erregungssteigerung beim epileptischen Anfall stehen. Welche Stromflüsse dafür verantwortlich zu machen sind und wo sie fließen, müssen weitere Untersuchungen zeigen.

Schlußbemerkungen

In dieser kurzen Übersicht wird die Möglichkeit angezeigt, mit Hilfe des AC-MEG recht genaue Lokalisationen fokaler pathologischer Stromquellen im Gehirn zu erreichen. Das MEG könnte in der Lage sein, bei der prächirurgischen Diagnostik und der dreidimensionalen Lokalisation epileptischer Herde eine wesentliche Hilfe zu sein. So könnte man vielleicht in Zukunft zumindest bei einem Teil der Patienten auf die invasive Technik der Steroenzephalographie verzichten.

Da mit Hilfe des MEG auch TIA nachweisbar sind, könnte vielen Patienten geholfen werden. Der Nachweis von (auch klinisch stumm verlaufenden) TIA wäre ein wichtiger Hinweis auf eingetretene Folgen einer vorhandenen Karotiswandveränderung (Stenose oder Plaques). Daraus würde sich die Indikation zur Behandlung ergeben.

Viele Beobachtungen unterstützen die theoretische Überlegung (Cohen u. Cuffin 1983), daß das magnetische Verteilungsmuster des Feldes schärfer über dem aktiven Bereich akzentuiert ist als das elektrische Verteilungsmuster. Dies bedeutet, daß es mit dem MEG leichter sein müßte, verschiedene Quellen an unterschiedlichen Stellen im Gehirn zu trennen.

Beide Methoden, sowohl das EEG als auch das MEG, haben ihre Grenzen, die möglicherweise zu überwinden sind, wenn MEG und EEG gleichzeitig angewendet werden. Einen ersten Ansatz haben Wood et al. (1985) übernommen.

Das von uns erstmals registrierte iktuale DC-MEG am Patienten zeigt eine weitere interessante Möglichkeit der Magnetoenzephalographie. Dabei gibt es keine Elektrodenartefakte mehr wie bei DC-Potentialen. Die möglichen DC-MEG-Artefakte scheinen gut erkennbar und beherrschbar zu sein. Weitere Untersuchungen müssen zeigen, welche Ströme diese Auslenkungen bewirken und wo sie fließen. Weiter wäre zu prüfen, ob der Verdacht sich bestätigt, daß das DC-MEG eine wesentlich empfindlichere Möglichkeit als das AC-MEG bietet, Zustände unterschiedlicher Hirnaktivität festzustellen und zu lokalisieren.

Literatur

Barth DS, Sutherling W, Engel J jr, Beatty J (1982) Neuromagnetic localization of epileptiform spike activity in the human brain. Science 218:891–894

Barth DS, Sutherling W, Beatty J (1984a) Fast and slow magnetic phenomena in focal epileptic seizures. Science 226:855–857

Barth DS, Sutherling W, Engel J jr, Beatty J (1984b) Neuromagnetic evidence of spatially distributed sources underlying epileptiform spikes in the human brain. Science 223:293–296

Baule GM, McFee R (1963) Detection of magnetic field of the heart. Am Heart J 66:95–96

Berkelbach van der Sprenkel JW, Lopes da Silva FH, Jonkman EJ, Tulleken CAF (1988) Reversibility of function after middle cerebral artery occlusion in the cat: A study of the penumbra. Cerebral Blood Flow (eingereicht zur Veröffentlichung)

Brenner D, Williamson SJ, Kaufman L (1975) Visually evoked magnetic fields of the human brain. Science 199:81–83

Caspers H, Speckmann EJ, Lehmenkühler A (1987) DC potentials of the cerebral cortex. Rev Physiol Biochem Pharmacol 106:127–178

Chapman RM, Romani GL, Barbanera S, Leoni R, Modena I, Ricci GB, Campitelli F (1983) SQUID instrumentation and the relative covariance method for magnetic 3D localization of pathological cerebral sources. Lettere al Nuovo Cimento 38:549–554

Cohen D (1968) Magnetoencephalography: Evidence of magnetic fields of the human brain. Science 190:480–482

Cohen D (1972) Magnetoencephalography: Detection of brain's electrical activity with superconducting magnetometer. Science 175:664–666

Cohen D, Cuffin BN (1983) Demonstration of useful differences between magnetoencephalogram and electroencephalogram. Electroencephalogr Clin Neurophysiol 56:38–51

Cohen D, Palti Y, Cuffin BN, Schmid SJ (1980) Magnetic fields produced by steady currents in the body. Proc Natl Acad Sci 77:1447–1451

Cohn R (1964) DC recordings of paroxysmal disorders in man. Electroencephalogr Clin Neurophysiol 17:17–24

Deecke L, Boschert J, Weinberg H, Brickett P (1983) Magnetic fields of the human brain (Bereitschaftsmagnetfeld) preceeding voluntary foot and toe movements. Exp Brain Res 52:81–86

Editorial (1988) Diagnostische Nutzung von Magnetfeldern. Die Neue Ärztliche 197 (13.10.1988):11

Elger CE, Lehnertz K, Hoke M, Pantew C, Lütkenhöner B (1988) Zwei-dimensionale Spektralanalyse von magnetoenzephalographischen Daten bei Patienten mit fokalen Epilepsien. In: Speckmann EJ, Palm DG (eds) Epilepsie 87. Einhorn, Reinbek, S 390–393

Erné SN (1983) SQUID sensors. In: Williamson SJ, Romani GL, Kaufman L, Modena I (eds) Biomagnetism: an interdisciplinary approach. Plenum, New York, pp 69–84

Erné SN, Hahlbohm HD, Lübbig H (1981) Biomagnetism. Gruyter, Berlin

Meijs JWH, Bosch FGC, Peters MJ, Lopes da Silva FH (1987) On the magnetic field distribution generated by a dipolar current source situated in a realistically shaped compartment model of the head. Electroencephalogr Clin Neurophysiol 66:286–298

Okada YC, Lauritzen M, Nicholson C (1988) Magnetic field associated with spreading depression: a model for the detection of migraine. Brain Res 442:185–190

Stefan H, Bauer J, Neubauer U, Feistel H, Schulemann H, Huk W (1988): Vergleich von Untersuchungsbefunden der präoperativen Epilepsiediagnostik unter Einbezug eines Mehrkanal-MEG. 33. Jahrestagung, Deutsche EEG-Gesellschaft, Hamburg

Stodieck SRG, Wieser HG (1987) Epicortical DC changes in epileptic patients. In: Wolf P, Dam M, Janz D, Dreifuss FE (eds) Advances in epileptology vol 16. Raven Press, New York, pp 123–127

Teyler TJ, Cuffin BN, Cohen D (1975) The visual evoked magnetoencephalogram. Life Sci 17:683–692

Vieth J (1984) Die Magnetoenzephalographie, eine neue funktionsdiagnostische Methode. EEG-EMG 15:111–118

Vieth J (1987) Magnetoencephalography and epilepsy. In: Wieser HG, Elger CE (Hrsg) Presurgical evaluation of epileptics. Springer, Berlin Heidelberg New York Tokyo, pp 117–128

Vieth J, Stefan H, Meyer C, Grummich P, Hauck D, Schüler P (1988) Herdbefunde in MEG und EEG. In: Speckmann EJ, Palm DG (Hrsg) Epilepsie 87 Einhorn, Reinbek, pp 394–398

Williamson SJ, Kaufman L (1981a): Biomagnetism. J Magnetism Magnetic Mat 22:129–201

Williamson SJ, Kaufman L (1981b): Magnetic fields of the cerebral cortex. In: Erné SN, Hahlbohm HD, Lübbig H (eds) Biomagnetism de Gruyter, Berlin, pp 353–42

Williamson SJ, Kaufman L (1988) Auditory evoked magnetic fields. In: Jahn AF, Santos-Sacchi J (eds) Physiology of the ear. Raven Press, New York, pp 497–505

Williamson SJ, Romani GL, Kaufman L, Modena I (1983) Biomagnetism: An interdisciplinary approach. Plenum Press, New York

Wood CC, Cohen D, Cuffin BN, Yarita M, Allison T (1985): Electrical sources in human somatosensory cortex: Identification by combined magnetic and potential recordings. Science 227:1051–1053

Zimmerman JE, Thiene P, Harding JT (1970) Design and operation of stable rf-biased superconducting point-contact quantum devices, and a note of the properties of perfectly clean metal contacts. J Appl Phys 41:1571–1580

Neuropsychologie der Temporallappenepilepsie

C. Lang

Den Temporallappen kommt beim Menschen eine wichtige Rolle für mnestische, emotionale und auditiv-sprachliche Funktionen zu. Epilepsien werden seit jeher als mögliche Ursache kognitiver und Persönlichkeitsveränderungen angesehen. Temporallappenepilepsien bzw. komplex partielle Anfälle als eine häufige Manifestationsform epileptischen Geschehens können wesentliche Aspekte komplexen motorischen, kognitiven und sozialen Verhaltens determinieren.

Der neuropsychologische und verhaltensneurologische Ansatz zur Untersuchung von Patienten mit diesem Anfallstyp muß zumindest vier unterschiedliche Einflußgrößen unterscheiden:

1. den Effekt der der Epilepsie zugrunde liegenden Hirnläsion (interiktual),
2. den Effekt der im Anfall auftretenden elektrischen Entladungen (iktual),
3. den Effekt der antiepileptischen Medikation (pharmakologisch) und
4. den Effekt der chirurgischen Ausschaltung des epileptischen Fokus (operativ).

In der Praxis wird man es meist mit Kombinationen dieser Faktoren, insbesondere von 1. und 3., zu tun haben.

Funktionen der Temporallappen

Der Hippokampus als zentral bedeutsame Struktur komplex partieller Anfälle ist über den Fornix mit der Septalregion, dem vorderen Hypothalamus und den Corpora mamillaria verbunden. Die Amygdala stehen ebenfalls in Verbindung mit der Septalregion, dem Hypothalamus, der Orbitofrontalregion und dem Nucleus medialis dorsalis des Thalamus. Über den Hypothalamus werden die medialen Temporallappenregionen mit dem Mittelhirndach verbunden. So bestehen für die medialen Temporallappenstrukturen Beeinflussungsmöglichkeiten von hypothalamischen Funktionen, von Atmung und Bewußtsein und über die Amygdala auch von Emotion und Gedächtnis (McGlone u. Young 1987). Verbindungen zwischen limbischen Strukturen (z.B. Amygdala, Hippokampus) und sensorischen Assoziationsgebieten spielen eine wichtige Rolle bei der Vermittlung emotionaler Inhalte. Sie ermöglichen die Bildung entsprechender Reiz-Reaktions-Verbindungen und damit emotionale Assoziationen (Bear 1979).

Die Temporallappen enthalten primäre sensorische Rindenfelder für Geruch, Gehör und Gleichgewichtssinn und sind dem Brodmann-Areal 19 eng benachbart, das an der Verarbeitung visueller Information eng beteiligt ist. Als wesentliche Faserverbindung in der weißen Substanz fungiert der Fasciculus arcuatus, der das Wernicke- mit dem Broca-Areal verbindet.

Auch auf dem Niveau des Temporallappens wurde eine funktionelle Hemisphärenasymmetrie gefunden, die es (dem Rechtshänder) erlaubt, linguistische Inhalte linkstemporal wahrzunehmen und einzuspeichern, während der rechte Temporallappen räumliche oder geometrische Muster bevorzugt bearbeitet (Milner 1971). Unilateral rechts gelegene Läsionen haben nicht selten Störungen der Wahrnehmung unvollständiger, verzerrter oder unscharfer Abbildungen zur Folge (Rosenthal u. Fedio 1975). In aller Regel werden auditive Sprachreize besser in der zum gereizten Ohr kontralateralen Hemisphäre verarbeitet (Kimura 1961a). Die Wahrnehmung der zeitlichen Reihenfolge von Reizen ist für dasjenige Ohr gestört, das kontralateral zum geschädigten Temporallappen liegt (Sherwin u. Efron 1980). Ähnlich verhält es sich mit der selektiven auditiven Aufmerksamkeitszuwendung und der Geräuschlokalisation (Efron et al. 1983). Nach linkshirnigen (dominanten) Temporallappenläsionen, die sich in Richtung des Lobulus parietalis inferior erstrecken, können Sprachverständnis- und Benennungsstörungen auftreten, nicht selten auch Nachsprechstörungen. Rechtshirnige Läsionen auf diesem Niveau, die die auditiven Regionen einbeziehen, führen zu Defiziten bei der Wahrnehmung nonverbaler Reize, z.B. der Tonhöhen- und Klangfarbenwahrnehmung sowie der Unterscheidung emotional gefärbter Lautäußerungen (Tompkins u. Mateer 1985). Während ausgedehnte linkstemporale Lobektomien, besonders solche unter Einschluß des Hippokampus, verbale Gedächtnisdefizite, rechtstemporale solche für schwer verbalisierbares Material hervorrufen können, sind Aufmerksamkeitsspanne und motorische Lernfähigkeit oft auch nach derartigen Eingriffen noch intakt. Auch führen umschriebene Temporallappenexzisionen selten zu bleibenden intellektuellen Defiziten, jedoch wurden relative Minderungen im Verbal- bzw. Handlungsteil des Hamburg-Wechsler-Intelligenztests für Erwachsene (HAWIE) nach links- bzw. rechtsseitigen Operationen beschrieben (Blakemore u. Falconer 1967). Eine sorgfältige präoperative neuropsychologische und elektrophysiologische Diagnostik hilft nicht nur, Defekte zu vermeiden, sondern schafft auch die Voraussetzungen für mögliche postoperative Verbesserungen im kognitiven Bereich (s. unten).

Beidseitige Temporallappenläsionen im primären Hörcortex (Heschl-Windungen) und Gyrus temporalis superior können zu auditiver Agnosie bzw. sog. Rindentaubheit führen (Ho et al. 1987). Bitemporale Läsionen in Kombination mit Läsionen der okzipitalen Assoziationsgebiete rufen manchmal eine Objektagnosie hervor. Beidseitige mediobasal gelegene Temporallappenschädigungen vermögen in Einzelfällen auch beim Menschen das vor allem aus Tierexperimenten bekannte Klüver-Bucy-Syndrom zu erzeugen (s. unten). Bilaterale Läsionen des mesialen Temporallappens führen zu anterograder globaler Amnesie (Scoville u. Milner 1957).

Auch auf psychischem Sektor wurden differentielle Effekte unilateraler Temporallappenläsionen gefunden: Rechtsseitige Herde waren häufiger mit affektiven, linksseitige häufiger mit paranoiden und Denkstörungen assoziiert (Flor-Henry 1969). Patienten mit einem rechtsseitig gelegenen temporalen Fokus wurden vermehrt als offen, emotional extrovertiert und sich selbst positiv darstellend gekennzeichnet, Patienten mit linksseitigem Fokus häufig als introspektiv, kontemplativ und sich selbst abwertend. Unter Patienten mit Temporallappenepilepsie wurde durch Fragebogenerhebungen eine Reihe von Verhaltenscharakteristiken gefunden, die es gestattete, sie nicht nur von Patientengruppen mit anderen neurologischen Erkrankungen, sondern auch solche mit rechtsseitigen von solchen mit linksseitigen Herden zu unterscheiden (Bear 1979; Bear u. Fedio 1977). Als besonders kennzeichnend wurden humorlose Nüchternheit, Umständlichkeit und ein Hang zur Religiosität hervorgehoben (Tabelle 1).

Psychische Auffälligkeiten wurden auch bei MS-Patienten, bei denen der Temporallappen betroffen war, vermehrt gefunden (Honer et al. 1987). Bei Reizungen der vorderen Temporallappen wurden auditive Halluzinationen registriert, bei solchen der hinteren Temporallappen und des temporookzipitalen Übergangs geformte visuelle Halluzinationen und Illusionen. Auch Déjà-vu- oder Jamais-vu-Erlebnisse, Depersonalisation, Denkstörungen und Störungen der Zeitwahrnehmung wurden mit Reizungen der Temporallappen in Verbindung gebracht (Stefan et al. 1987).

Durch elektrische Reizversuche (Ojemann 1982) wurde nachgewiesen, daß bei Stimulation der 1. Temporalwindung und großer Teile der oberflächlichen peri-

Tab. 1. Charakteristische Züge interiktualen Verhaltens bei Temporallappenepilepsie. (Nach Bear 1979; Bear u. Fedio 1977)

Affekt
Gefühlsbetontheit
Euphorie, gehobene Stimmungslage
Traurigkeit
Zorn
Aggression
Verändertes Sexualverhalten

Verhalten
Umständlichkeit
Zwanghaftigkeit
Klebrigkeit
Übertriebene Moral
Schuldgefühle
Abhängigkeit, Passivität

Denken
Philosophische Interessen
Gefühl der Schicksalshaftigkeit
Humorlosigkeit, Nüchternheit
Religiosität
Graphomanie
Wahnhaftigkeit

sylvischen Region Störungen des Benennens und der Phonemidentifikation auftreten, während eine Reizung der dritten Frontalwindung zum Speech arrest führt. Die elektrische Reizung des mittleren Drittels der 1. Temporalwindung kann auch Störungen bei der Nachahmung orofazialer Bewegungen (orale Apraxie) zur Folge haben. Auf der nichtdominanten Seite treten bei Reizung an gleicher Stelle Störungen der Wahrnehmung von Gesichtern und Winkeln, des Kurzzeitgedächtnisses für dieses Material und der Erfassung von mimischen Ausdrucksbewegungen auf.

Eine Zusammenfassung der Auswirkungen von Defekten und Reizungen der Temporallappen auf kognitive und Verhaltensfunktionen findet sich in Tabelle 2.

Interiktuale Befunde

Als interiktual imponieren Veränderungen, die durch die epileptogene Läsion oder durch morphologische Veränderungen im Gefolge häufiger epileptischer Anfälle verursacht werden. Die Ausdehnung eines epileptischen Fokus auf benachbarte Gebiete kann neben einem neurophysiologischen auch ein pathomor-

Tab. 2. Mögliche Defizite bei Temporallappenläsionen. (Nach McGlone u. Young 1987)

Unilaterale Läsionen unabhängig von der Dominanz
Untere faziale Parese bei Ausdrucksbewegungen
Gesichtsfelddefekt, insbesondere obere homonyme Quadrantenanopsie
Erhöhte Schwelle der Flimmerverschmelzungsfrequenz
Erhöhte Hochtonschwelle und kontralaterale Einschränkung der auditiven Aufmerksamkeit
Libidominderung

Schädigung der nichtdominanten (rechten) Seite
Beeinträchtigung der nonverbalen Gedächtnisfunktionen
Eingeschränkte Diskriminationsfähigkeit für nonverbale Geräusche, Tonhöhe und Klangfarbe
Einschränkung der Unterscheidungsfähigkeit für emotionale Lautäußerungen
Eingeschränkte Diskriminationsfähigkeit für Riechreize
Visuelle Wahrnehmungsstörungen

Läsionen der dominanten (linken) Seite
Einschränkung des verbalen Gedächtnisses
Einschränkung der Phonemidentifikation, besonders für das rechte Ohr
Wortfindungs- und Benennungsstörungen

Beidseitige Läsionen
Globale Amnesie (speziell bei hippokampalen Läsionen)
Klüver-Bucy-Syndrom
Visuelle Agnosie
Rindentaubheit
Auditive Agnosie

phologisches Substrat haben, das geeignet ist, dauerhafte Verhaltensänderungen zu induzieren. Es ist jedoch in vielen Fällen nicht auszuschließen, daß subklinische elektrische Entladungen das Bild mitbestimmen.

Als wichtige Einflußgrößen des interiktualen psychischen und neuropsychologischen Befundes wruden das Vorliegen einer faßbaren zerebralen Schädigung, das Lebensalter bei Anfallsbeginn, der Anfallstyp, die Anfallshäufigkeit, das Vorliegen von EEG-Veränderungen und psychosoziale Faktoren identifiziert (Trimble u. Thompson 1986).

Kløve u. Matthews (1974) fanden, daß sich Patienten mit psychomotorischen Anfällen unbekannter Ätiologie kaum von normalen Kontrollpersonen unterscheiden, während Patienten mit psychomotorischen Anfällen bekannter Ätiologie schlechter abschneiden.

Auch andere Untersucher (Heilman et al. 1985; Bornstein et al. 1988) fanden allgemein bei Temporallappenepileptikern häufiger psychiatrische und verhaltensneurologische Auffälligkeiten als bei anderen Anfallstypen und einem Kontrollkollektiv.

Diese Befunde werden allerdings durch Fortschritte auf dem Gebiet bildgebender Verfahren relativiert, die in einem höheren Prozentsatz als früher zur Aufdeckung morphologischer Läsionen führen. Jedenfalls ließ sich kein spezifisches Testprofil isolieren, das nur Patienten mit Epilepsien eigen gewesen wäre. Dagegen wurde bei Temporallappenepilepsie ein Syndrom aus verändertem Sexualverhalten, Religiosität und einem Hang zu exzessiver Schreib- und Zeichenproduktion beschrieben (Waxman u. Geschwind 1975). Ein Vergleich von Patienten mit generalisierten Anfällen und solchen mit einer Temporallappenepilepsie ergab für die 2. Gruppe stärkere Beeinträchtigungen des globalen Gedächtnisses (Glowinski 1973). Häufig gefundene weitere Defizite sind Aufmerksamkeitsstörungen und allgemeine Verlangsamung. Linksseitige (dominante) epileptogene Foci können die Leistungen beim dichotischen Hören verbalen Materials unabhängig vom gereizten Ohr beeinträchtigen, wobei dem linken Temporallappen (s. oben) eine besondere Rolle zukommt (Kimura 1961a).

Wortfindungsstörungen äußern sich mitunter als verbale Umständlichkeit und Weitschweifigkeit (Mayeux et al. 1980). Patienten mit linksseitigen epileptogenen Herden haben auch ein größeres Risiko für das Auftreten einer schizophreniformen Psychose (Sherwin et al. 1982).

Nach Untersuchungen von McIntyre et al. (1976) können Patienten mit linksseitigem Herd als mehr introvertiert, Patienten mit rechtsseitigem Herd als mehr extravertiert gelten. Eine Assoziation zwischen neuropsychologischen und psychopathologischen Auffälligkeiten wurde dagegen nicht bestätigt (Moehle et al. 1984). Besonders schwerwiegend sind die Auswirkungen bilateraler Foci. Bei einem Patienten mit einer solchen therapierefraktären Epilepsie wurden nach 28jähriger Erkrankungsdauer schwere psychopathologische und neuropsychologische Auffälligkeiten gefunden (Tarter u. Holzman 1982). Die Zunahme dieser Auffälligkeiten im Verlauf der Jahre muß als Resultat der durch die epileptischen Entladungen verursachten Folgeläsionen gedeutet werden.

Iktuale Veränderungen

Nach Untersuchungen von Fenwick (1982) und Stefan (1982) können anfallskorrelierte Verhaltensauffälligkeiten bereits 1–1,5 s vor Auftreten epilepsiespezifischer Potentiale im EEG nachgewiesen werden. Dabei sind Patienten mit häufigen iktualen EEG-Veränderungen auch ohne kinisch manifeste Anfälle nicht selten auffälliger als Patienten ohne derartige Veränderungen. Emotionale Störungen als Manifestation eines Temporallappenanfalls korrelieren stark mit einem Fokus im limbischen System oder in dessen unmittelbarer Nachbarschaft (Heilman et al. 1985). Auffälliges sexuelles Verhalten, Angst, pathologisches Lachen und Weinen, selten auch einmal aggressives Verhalten können Ausdruck epileptischer Entladungen im Temporallappen sein.

In Einzelfällen wurden komplex partielle Anfälle auch als Ursache von Gedächtnisstörungen identifiziert, die sich klinisch als transiente globale Amnesie äußern (Gallassi et al. 1986). Schizophreniforme Psychosen, zum Teil mit Jargonaphasie einhergehend, wurden als Korrelat eines linksseitigen fokalen Krampfstatus beobachtet. Es ist denkbar, daß fokale iktuale Aktivitäten der nichtdominanten Hemisphäre über eine kallosal vermittelte Beeinträchtigung der dominanten Hemisphäre zu funktionellen Störungen im Sinne eines Speech arrest führen (Williamson et al. 1985).

Patienten mit komplex partiellen Anfällen haben typischerweise eine längere postiktuale Orientierungsphase, in der sie mitunter verwirrt, psychomotorisch unruhig oder streitlustig sind. Derartige Auffälligkeiten entsprechen einer aus dem Neurostatus bekannten Todd-Paralyse und können über Stunden hin anhalten (Savard et al. 1987a). Nach linksseitigen Anfällen wurden prolongierte Globalaphasie und Depression, nach rechtsseitigen Anfällen pathologisches Lachen und Hypomanie beobachtet (Hurwitz et al. 1985). Andererseits gibt es Fallbeobachtungen, wo durch bestimmte kognitive Aktivitäten (Lesen, Singen, visuelles Wiedererkennen von Wörtern) Anfälle ausgelöst wurden. Dabei kommt es zu einer kognitiven Aktivierung kritischer Hirnareale, die ihrerseits epilepsiespezifische Aktivitäten bis hin zu manifesten Anfällen generieren können (Altafullah u. Halgren 1988).

Pharmakologische Einflüsse

Man darf davon ausgehen, daß alle gebräuchlichen Antikonvulsiva einen zum Teil dosisabhängigen mehr oder weniger deutlich meßbaren Einfluß auf psychische und neuropsychologische Funktionen ausüben. Dennoch sind zu diesem Gebiet bislang nur spärliche Daten verfügbar, insbesondere was die differentiellen Effekte bestimmter pharmakologischer Substanzen betrifft. Anders als bei der Frage nach Beeinträchtigungen durch oft sehr kleine fokale Läsionen (s. oben) stellt sich hier das Problem des Effekts von mit unterschiedlicher Präferenzlokalisation das gesamte ZNS betreffenden neurotropen Stoffen. Die Methodik zur Aufdeckung derartiger Einflüsse muß deshalb auch anderen Ansprüchen gerecht werden als die der Fokussuche.

Nach Trimble u. Thompson (1986) wiegen bei klinischer Beurteilung die Effekte von Phenobarbital am schwersten, gefolgt von Phenytoin, Clonazepam, Natriumvalproat, Carbamazepin und Clobazam. Testpsychologische Untersuchungen zur Ermittlung eines „Medikamentenprofils" stehen jedoch noch am Anfang und lassen vorerst keine sicheren Schlußfolgerungen zu. Es scheint in Einzelfällen nicht ausgeschlossen, daß die unter Medikamenteneinfluß beobachteten Veränderungen auf eine spezifische Interaktion mit dem Patienten oder dem Anfallstyp zurückzuführen sind.

Für Phenobarbital und Carbamazepin konnte gezeigt werden, daß unter Ausdosierung geringe Unterschiede hinsichtlich kognitiver Funktionen bestehen, die während des Absetzens innerhalb eines Jahres verschwinden, und daß sich die Patienten in diesem Zeitraum in einigen wenigen Tests bessern (Gallassi et al. 1987). Bei mit Carbamazepin behandelten Patienten betrafen diese Besserungen vor allem Vigilanz- und Aufmerksamkeitsleistungen, bei Phenobarbitalpatienten die Gedächtnisspanne für räumliche Arrangements und die Wahrnehmungsgeschwindigkeit. Kinder haben unter Phenobarbital diskret schlechtere Leistungen als unter Valproat, u. a. beim verbalen Paarassoziationslernen. Lernschwierigkeiten wurden auch von den Eltern unter Phenobarbital stehender Kinder vermehrt angegeben (Vining et al. 1987). Unter Clobazam wurde eine sonst nicht beobachtete Form einer paroxysmalen Sprachstörung registriert, die in einer Modifikation elektrophysiologischer Entladungen bestanden haben mag (Wilson et al. 1983).

Operative Auswirkungen

Der chirurgische Eingriff bei Temporallappenepilepsie hat zum Ziel, den epileptischen Fokus zu entfernen und dabei so viel Gewebe wie nötig und so wenig wie möglich zu exzidieren. Das Ausmaß des operativen Eingriffes kann selbst intraoperativ noch präzisiert werden (Ojemann u. Dodrill 1987; Stefan et al. 1987). Eine hinreichend genau zentrierte und vollständige Gewebsresektion vermag Anfallsfreiheit hervorzurufen (Wyllie et al. 1987). Der Operationserfolg variiert jedoch je nach Ausgangslage. Patienten ohne postoperative Verschlechterung oder mit guter postoperativer Besserung waren überwiegend jung, von relativ höherem präoperativem intellektuellem Ausgangsniveau und hatten einen frühzeitigen Anfallsbeginn (Powell et al. 1985).

Eine wegweisende Untersuchung über prognostische Faktoren bei Kandidaten für eine chirurgische Epilepsietherapie wurde bereits von Bengzon et al. (1968) durchgeführt. Als bedeutsam erwiesen sind hier u. a. die klinische Fokuslokalisation, psychologische Testprofile einschließlich Lateralisationshinweise sowie psychische Auffälligkeiten. Diese Ergebnisse unterstreichen den Wert einer gründlichen prächirurgischen neuropsychologischen Diagnostik.

Der histopathologische Befund einer hippokampalen Sklerose korrelierte mit einem niedrigeren präoperativen Intelligenzniveau verbunden mit einer günstigeren postoperativen Erholungstendenz kognitiver Funktionen verglichen mit tumorösen oder unspezifischen Veränderungen. Schädigungen im Bereich der Amygdala korrelierten mit schlechteren Gedächtnisleistungen für verbales und non-verbales Material (McMillan et al. 1987). Linkstemporale Lobektomien beeinträchtigten verbales Paarassoziationslernen relativ stärker als nonverbales, während die Verhältnisse bei rechtstemporaler Lobektomie genau umgekehrt lagen (Goldstein et al. 1988). Postoperativ wiesen Patienten mit rechtsseitigem Herd einen höheren verbalen als nonverbalen IQ auf; bei linksseitigen Herden war dies umgekehrt (Powell et al. 1985). Nach selektiver Amygdalahippokampektomie auf der Seite des primären Fokus änderte sich das präoperative Lerndefizit für Material nicht, das von dieser Seite bevorzugt verarbeitet wird, wohl jedoch das der kontralateralen Seite (Nadig u. Wieser 1987). Dies bedeutet, daß ein primär epileptogener Fokus an dieser Stelle Lernen und Gedächtnis nicht nur für seine Verarbeitungsdomäne, sondern auch für die der Gegenseite beeinträchtigen kann. Nach beidseitiger temporaler Lobektomie wurden Enthemmungsphänomene festgestellt, die sich v. a. in motorischer Unruhe, Hypersexualität und herabgesetzter emotionaler Ansprechbarkeit äußerten (Savard et al. 1987b). Diese Trias erinnert an das oben genannte Klüver-Bucy-Syndrom. Da diese Patienten sozial kaum zu rehabilitieren sind, wird man die Frage nach der Indikation eines solchen Eingriffs in der Regel verneinen müssen.

Für sorgfältig geplante einseitige Eingriffe gilt jedoch, daß sich nicht nur das Anfallsleiden bessern, sondern auch kognitive Funktionen erholen und selbst der Glukosestoffwechsel normalisieren können (Dasheiff et al. 1987). So wurde etwa nach selektiver vorderer Lobektomie der dominanten Hemisphäre eine Verbesserung sprachlicher Funktionen festgestellt (Herman u. Wyler 1988).

Neuropsychologische Testung

Die neuropsychologische Untersuchung insbesondere auf kognitive Auffälligkeiten bei Patienten mit Temporallappenepilepsien soll sowohl interiktuale als auch operative und pharmakologische Effekte erfassen können. Für die Untersuchung iktualer Veränderungen sind sehr kurze Verfahren mit verändertem Meßbereich erforderlich. Wir verwenden dazu eine Modifikation des Mini-Mental-Status (MMS) nach Folstein et al. (1979). Gallassi et al. (1986) benutzten eine Brief Mental Deterioration Battery (BMDT), ergänzt durch weitere verbale und nonverbale Gedächtnisaufgaben.

Die prächirurgische Testung sollte in jedem Fall verbale und nonverbale Fähigkeiten umfassen, um der funktionellen Hemisphärenspezialisierung gerecht zu werden. Dazu zählen v. a. Intelligenz und Gedächtnis (Powell et al. 1985). Besonderes Augenmerk gilt der Prüfung sog. hippokampaler Funktionen, d. h.

mnestischer Funktionen, deren Integrität an eine ungestörte Funktion des Hippokampus gebunden ist (Jones-Gotman 1987). Dies geschieht durch experimentelle Verfahren, die die Reproduktion, das Wiedererkennen und Wiederholen unterschiedlicher Materialien prüfen. Dazu gehören verbale (Texte, konkrete und abstrakte Wörter, Zahlen, Buchstabenfolgen) und nonverbale (Figuren, Gesichter, Tonfolgen, Labyrinthe, räumlich angeordnete Elemente) Stimuli (s. auch Beitrag Treig). Speziell für eine epileptische Population hat Dodrill (1978) eine 16teilige Testbatterie zusammengestellt, die sich gut bewährt hat.

Tabelle 3 zeigt eine Übersicht über von verschiedenen Autoren (s. Rausch 1987; Trimble 1985) vorgeschlagene Verfahren unter weitgehender Beschränkung auf solche, deren Anwendung auch bei deutschsprachigen Patienten möglich ist.

Tab. 3. Neuropsychologische Testverfahren bei Temporallappenepilepsie. Literaturnachweise bei Brickenkamp (1975), Lehrl et al. (1986), Lezak (1983) und Long (1981)

Händigkeit
Edinburgh Handedness Inventory[a]

Psyche/Selbsteinschätzung
STAI (State Trait Anxiety Inventory)[a]
MMPI-Saarbrücken (Minnesota Multiphasic Personality Inventory)

Planungs-/Umstellungsvermögen
Wisconsin Card Sorting Test (WCST)[a]

Wahrnehmungsgeschwindigkeit
Trail Making Test
Syndromkurztest (SKT)[a]

Gedächtnis
Wechsler Memory Scale (WMS)[a]
Rey-Osterrieth Figur
Rey Auditory Verbal Learning Test[a]
Kontinuierliches Figuren-Wiedererkennen[a]
Recurring Figures Test[a]
Benton-Test[a]
Logical Verbal Memory (unmittelbarer und verzögerter Abruf)

Intelligenz
Hamburg-Wechsler-Intelligenztest für Erwachsene (HAWIE)[a]
Reduzierter Wechsler-Intelligenztest (WIP)
Mehrfachwahl-Wortschatz-Test (MWT-B)[a]
Raven Standard Progressive Matrizen[a]

Auditiv/sprachliche Funktionen
Aachener Aphasietest (AAT)
Wortlistengeneration[a]
Geräuschidentifikation[a]
Seashore-Test[a]
Dichotisches Hören

Motorik/Sensorik
Motorische Leistungsserie (Schuhfried)
auch als Interferenzaufgabe mit sprachlichen und nichtsprachlichen Aufgaben

---

[a] Verfahren, die an unserer Klinik zur Epilepsiediagnostik eingesetzt werden.

Literatur

Altafullah I, Halgren E (1988) Focal medial temporal lobe spike-wave complexes evoked by a memory task. Epilepsia 29:8–13

Bear DM (1979) The temporal lobes. An approach to the study of organic behavioral changes. In: Gazzaniga MS (ed) Handbook of behavioral neurology, vol 2: Neuropsychology. Plenum, New York, pp 75–95

Bear DM, Fedio P (1977) Quantitative analysis of interictal behavior in temporal lobe epilepsy. Arch Neurol 34:454–467

Bengzon ARA, Rasmussen T, Gloor P, Dussault J, Stephens M (1968) Prognostic factors in the surgical treatment of temporal lobe epileptics. Neurology 18:717–731

Blakemore C, Falconer M (1967) Long-term effects of anterior temporal lobectomy on certain cognitive functions. J Neurol Neurosurg Psychiatr 30:364–367

Bornstein RA, Pakalnis A, Drake ME, Suga LJ (1988) Effects of seizure type and waveform abnormality on memory and attention. Arch Neurol 45:884–887

Brickenkamp R (Ed) (1975) Handbuch psychologischer und pädagogischer Tests, 1. Ergänzungsband (1983). Hogrefe, Göttingen

Dasheiff RM, Rosenbek J, Matthews C et al. (1987) Epilepsy surgery improves regional glucose metabolism on PET scan. A case report. J Neurol 234:283–288

Dodrill CB (1978) A neuropsychological battery for epilepsy. Epilepsia 19:611–623

Efron R, Crandall P, Koss B, Divenyi PL, Yund EW (1983) Central auditory processing. III. The „cocktail party" effect and anterior temporal lobectomy. Brain Lang 19:254–263

Fenwick P (1982) EEG Studies. In: Reynolds EH, Trimble MR (eds) Epilepsy and psychiatry. Churchill Livingstone, Edinburgh, pp 242–263

Flor-Henry P (1969) Psychosis and temporal lobe epilepsy: A controlled investigation. Epilepsia 10:363–395

Folstein MF, Folstein SE, McHugh PR (1975) Mini-mental state: A practical method for grading the cognitive state of patients for the clinician. J Psychiatr Res 12:189–198

Gallassi R, Pazzaglia P, Lorusso S, Morreale A (1986) Neuropsychological findings in epileptic amnesic attacks. Eur Neurol 25:299–303

Gallassi R, Lorusso S, Stracciari A, Ciardulli C, Baruzzi A (1987) Neuropsychological findings during withdrawal of antiepileptic therapy: Preliminary data on phenobarbital and carbamazepine. In: Wolf P, Dam M, Janz D, Dreifuss FE (eds) Advances in epileptology, vol 16. Raven Press, New York, pp 417–419

Geschwind N (1977) Behavioral change in temporal lobe epilepsy. Arch Neurol 34:453

Glowinski H (1973) Cognitive deficits in temporal lobe epilepsy: An investigation of memory functioning. J Nerv Ment Dis 157:129–137

Goldstein LH, Canavan AGM, and Polkey CE (1988) Verbal and abstract designs paired associate learning after unilateral temporal lobectomy. Cortex 24:41–52

Heilman KM, Bowers D, Valenstein E (1985) Emotional disorders associated with neurological diseases. In: Heilman KM, Valenstein E (eds) Clinical neuropsychology, 2nd edn. Oxford University Press, New York, pp 377–402

Hermann BP, and Wyler AR (1988) Effects of anterior temporal lobectomy on language function: A controlled study. Ann Neurol 23:585–588

Ho KJ, Kileny P, Paccioretti D, McLean D (1987) Neurologic, audiologic, and electrophysiologic sequelae of bilateral temporal lobe lesions. Arch Neurol 44:982–987

Honer WG, Hurwitz T, Li DKB, Palmer M, Paty DW (1987) Temporal lobe involvement in multiple sclerosis patients with psychiatric disorders. Arch Neurol 44:187–190

Hurwitz TA, Wada JA, Kosaka BD, Strauss EH (1985) Cerebral organization of affect suggested by temporal lobe seizures. Neurology 35:1335–1337

Jones-Gotman M (1987) Commentary: Psychological evaluation – testing hippocampal function. In: Engel J (Ed) Surgical treatment of the epilepsies. Raven Press, New York, pp 203–211

Kimura D (1961a) Some effects of temporal-lobe damage on auditory perception. Can J Psychol 15:156–165

Kimura D (1961b) Cerebral dominance and the perception of verbal stimuli. Can J Psychol 15:166–171

Kløve H, Matthews CG (1974) Neuropsychological studies of patients with epilepsy. In: Reitan RM, Davison LA (Eds) Clinical neuropsychology: Current status and applications. Wiley, New York, pp 237–265

Lehrl S, Kinzel W, Fischer B, Weidenhammer W (1986) Psychiatrische und medizinpsychologische Meßverfahren des deutschsprachigen Raumes. Vless, Ebersberg

Lezak M (1983) Neuropsychological Assessment. Oxford University Press, New York

Long CJ (1981) Analysis of temporal cortex dysfunction by neuropsychological techniques. Clin Neuropsychol 3:16–25

McGlone J, Young B (1987) Cerebral localization. In: Baker AB, Joynt RJ (eds) Clinical neurology, vol 1. Harper & Row, Philadelphia pp 1–74

McIntyre M, Pritchard PB, Lombroso CT (1976) Left and right temporal lobe epileptics: A controlled investigation of some psychological differences. Epilepsia 17:377–386

McMillan TM, Powell GE, Janota I, Polkey CE (1987) Relationships between neuropathology and cognitive functioning in temporal lobectomy patients. J Neurol Neurosurg Psychiatry 50:167–176

Mayeux R, Brandt J, Rosen J, Benson DF (1980) Interictal memory and language impairment in temporal lobe epilepsy. Neurology 30:120–125

Milner B (1971) Memory and the medial temporal regions of the brain. In: Pribram KH, Broadbent DF (eds) Biology of memory. Academic Press, New York, pp 29–50

Moehle KA, Bolter JF, Long CJ (1984) The relationship between neuropsychological functioning and psychopathology in temporal lobe epileptic patients. Epilepsia 25:418–422

Nadig T, Wieser HG (1987) Learning and memory performance before and after causal unilateral selective amygdalohippocampectomy. In: Wolf P, Dam M, Janz D, Dreifuss FE (eds) Advances in epileptology, vol 16. Raven Press, New York, pp 341–344

Ojemann GA (1982) Intrahemispheric localization of language and visuospatial function: Evidence from stimulation mapping during craniotomies for epilepsy. In: Akimoto H, Kazamatsuri H, Seino M, Ward A (eds) Advances in Epileptology: XIIIth Epilepsy International Symposium. Raven Press, New York, pp 373–378

Ojemann GA, Dodrill CB (1987) Intraoperative techniques for reducing language and memory deficits with left temporal lobectomy. In: Wolf P, Dam M, Janz D, Dreifuss FE (eds) Advances in epileptology, vol 16. Raven Press, New York, pp 327–330

Powell GE, Polkey CE, McMillan T (1985) The new Maudsley series of temporal lobectomy. I: Short-term cognitive effects. Br J Clin Psychol 24:109–124

Rausch R (1987) Psychological evaluation. In: Engel J (ed) Surgical treatment of the epilepsies. Raven Press, New York, pp 181–195

Rosenthal L, Fedio P (1975) Recognition thresholds in the central and lateral visual fields following temporal lobectomy. Cortex 11:217–229

Savard G, Andermann F, Rémillard GM, Olivier A (1987a) Postictal psychosis following partial complex seizures is analogous to Todd's paralysis. In: Wolf P, Dam M, Janz D, Dreifuss FE (eds) Advances in epileptology, vol 16. Raven Press, New York, pp 603–605

Savard G, Andermann F, Olivier A (1987b) Disinhibition syndrome: A behavioral disorder in patients with severe bitemporal epilepsy. In: Wolf P, Dam M, Janz D, Dreifuss FE (Eds) Advances in epileptology, vol 16. Raven Press, New York, pp 607–609

Scoville W, Milner B (1957) Loss of recent memory after bilateral hippocampal lesions. J Neurol Neurosurg Psychiatry 20:11–21

Sherwin I, Efron R (1980) Temporal ordering deficits following anterior temporal lobectomy. Brain Lang 11:195–203

Sherwin I, Peron-Magnan P, Bancaud J, Bonis A, Talairach J (1982) Prevalence of psychosis in epilepsy as a function of the laterality of the epileptogenic lesion. Arch Neurol 39:621–625

Stefan H (1982) Epileptische Absencen. Studie zur Anfallsstruktur, Pathophysiologie und klinischem Verlauf. Thieme, Stuttgart

Stefan H, Quesney FL, Abou-Khalil A, Olivier A (1987) Elektroklinische Reizantworten während ECoG und Tiefenableitung bei Temporallappenepilepsie. Vortrag auf der 32. Jahrestagung der Deutschen EEG-Gesellschaft

Tarter RE, Holzman A (1982) Neuropsychological and psychopathological sequelae of intractable temporal lobe epilepsy. Clin Neuropsychol 4:161–164

Tompkins CA, Mateer CA (1985) Right hemisphere appreciation of prosodic and linguistic indications of implicit attitude. Brain Lang 24:185–203

Trimble MR (1985) Psychiatric and psychological aspects of epilepsy. In: Porter RJ, Morselli PL (eds) The epilepsies. Butterworths, London, pp 322–355

Trimble MR, Thompson PJ (1986) Neuropsychological aspects of epilepsy. In: Grant I, Adams KM (eds) Neuropsychological assessment of neuropsychiatric disorders. Oxford University Press, New York, pp 321–346

Vining EPG, Mellits ED, Dorsen MM, Cataldo MF, Quaskey SA, Spielberg SP, Freeman JM (1987) Psychologic and behavioral effects of antiepileptic drugs in children: A double-blind comparison between phenobarbital and valproic acid. Pediatrics 80:165–174

Waxman SG, Geschwind N (1985) The interictal behavior syndrome of temporal lobe epilepsy. Arch Gen Psychiatry 32:1580–1586

Williamson PD, Spencer DD, Spencer SS, Novelly R, Mattson RH (1985) Episodic aphemia and epileptic focus in nondominant hemisphere: Relieved by section of corpus callosum. Neurology 35:1069–1071

Wilson A, Petty R, Perry A, Rose FC (1983) Paroxysmal language disturbance in an epileptic treated with clobazam. Neurology 33:652–654

Wyllie E, Lüders H, Morris HH et al. (1987) Clinical outcome after complete or partial cortical resection for intractable epilepsy. Neurology 37:1634–1641

Interventionelle Neuropsychologie in der präoperativen Diagnostik

T. Treig

In der präoperativen Stufendiagnostik zur Auswahl geeigneter Patienten für resektive Behandlungen haben neuropsychologische Verfahren einen festen Platz.

Nichtintenventionelle Verfahren können für die Vorauswahl dieser Patienten durch die Verifikation diffus zu lokalisierender Defizite einen Hinweis auf multifokale Läsionen geben. Sie liefern darüber hinaus die neuropsychologischen Basisinformationen für generelle Hirnleitungsparameter, wie Konzentration, psychomotorische Geschwindigkeit und Intelligenz, sowie für höhere spezifische Hirnleistungen, wie Sprache und Gedächtnis, und sie ermöglichen die Beurteilung postoperativer neuropsychologischer Verläufe (s. Beitrag Lang; Dodrill 1978; Trimble und Thompson 1986; Rausch 1987).

Interventionelle Verfahren geben v. a. zusammen mit invasiven und nichtinvasiven anderen Verfahren Aufschluß über die individuelle intra- und interhemisphärische Organisation von sprachlichen und mnestischen Funktionen unter Berücksichtigung des durch die epileptogene Läsion hervorgerufenen fokalen funktionellen Defizite und sollen so einen Beitrag zur Abgrenzung von intakten zu funktionell minderwertigen Arealen liefern.

Lokalisation funktionaler neuropsychologischer Defizite

Chronische epileptogene Läsionen können in einem Dreicompartmentmodell beschrieben werden (Mendius u. Engel 1985). Der Kern des epileptogenen Fokus wird von neuronalem Gewebe gebildet, das seine normale Funktion nicht mehr erfüllt. Es wird umgeben von Zellen, deren elektrische Eigenschaften verändert sind, die ein funktionell aberrantes Verhalten zeigen und die an intakte Gehirnareale grenzen. Zusätzlich können sekundäre Foci mit dysfunktionalem Gewebe entstehen.

Die Interaktion dieser 3 funktionell differenzierten neuronalen Texturen ist das Substrat für die beobachtbaren iktualen und interiktualen neuropsychologischen Störungen. Nur zum Teil sind die Läsionen morphologisch faßbar und mit den funktionalen Störungen identisch.

Im folgenden sollen die interventionellen neuropsychologischen Verfahren kurz vorgestellt werden. Ziel dieser Diagnostik ist die Erfassung der Auswirkung der chronischen epileptogenen Läsion auf die Lokalisation der den komplexen Hirnfunktionen Gedächtnis und Sprache zugrunde liegenden neuronalen Systeme.

In der Regel kann davon ausgegangen werden, daß chronische Läsionen zu einer neuronalen Reorganisation führen, wenn die Läsion in einer kritischen Phase der Entwicklung gesetzt wird. Für sprachliche Leistungen umfaßt der kritische Zeitraum das Lebensalter von der Geburt bis etwa zum 7.–10. Lebensjahr (vgl. Kinsbourne u. Hiscock 1987). Es bestehen allerdings Hinweise, daß bereits intrauterine Faktoren zu einer Verschiebung zerebraler Dominanzverhältnisse führen können (Geschwind u. Galaburda 1987). Faktoren, die die Verschiebung beeinflussen, korrelieren auch mit der Pathomorphologie der Läsion. So finden sich unter operierten Patienten mit neuronalen Migrationsdefekten mehr Linkshänder als unter Patienten mit mesialer temporaler Sklerose (Taylor 1975). Umgekehrt konnten Sass et al. (1988) belegen, daß Patienten mit kongenitalen neokortikalen vaskulären Malformationen eine atypische Sprachdominanz nur dann zeigen, wenn diese Malformationen klinisch durch Blutungen oder epileptische Anfälle in Erscheinung treten (Sass et al. 1988). Gut belegt bei epileptischen Populationen sind die neuronalen Reorganisationen für die Sprache (Rausch u. Walsh 1984; Rasmussen u. Milner 1975; Lüders et al. 1987; Bromfield et al. 1988). Dabei können als Folge der chronischen Schädigung der üblicherweise sprachdominanten linken Hemisphäre entweder einzelne sprachliche Unterfunktionen dissoziiert oder alle sprachlichen Leistungen insgesamt von der kontralateralen Hemisphäre ausgeübt werden (Rasmussen u. Milner 1975; Mateer et al. 1984; McGlone 1984). Das Ausmaß der atypischen Lateralisierung von sprachlichen Funktionen geht bei den untersuchten Patienten weit über das Maß dessen hinaus, was die rechte Hemisphäre bei hirngesunden Patienten an (meta-)sprachlichen Leistungen zu vollbringen vermag (Übersicht über physiologische rechtshemisphärische Sprachfunktionen bei Zaidel 1985; Moscovitch 1983). Neben einer *interhemisphärischen* Verlagerung ganzer Systeme zeigt sich auch die kortikale Repräsentation sprachlicher Funktionen *intrahemisphärisch* sehr variabel, so daß einige Autoren die intraoperative Erstellung funktioneller Karten zur Vermeidung von postoperativen sprachlichen Defiziten bei Operationen im dominanten Temporallappen für zwingend notwendig halten (Ojemann et al. 1979).

Es ist davon auszugehen, daß eine ebensogroße Variabilität wie bei *sprachlichen Funktionen* auch für die *mnestischen Leistungen* hinsichtlich der inter- und intrahemisphärischen Lokalisation und deren Verschiebung nach einer chronischen Läsion angenommen werden kann. Während die Neuronensysteme, die linguistische Funktionen vermitteln, zumindest im Fall rechtshändiger Patienten in etwa 98% nach links lokalisiert sind, ist das Bild der bei Gedächtnisleistungen involvierten Hirnstrukturen weitaus komplizierter. Zwar ist bekannt, daß linkstemporale Läsionen zu verbalen Lern- und Gedächtnisstörungen führen können, und rechtstemporale Läsionen zu Lernstörungen im nonverbalen Bereich, die physiologische Interaktion dieser beiden Teilsysteme und die Bedingung ihrer mutuellen Kompensationsfähigkeit sind jedoch noch weitgehend ungeklärt. So bleibt auch die Rolle des Hippokampus in Lern- und Gedächtnisfunktionen nach wie vor umstritten (Creutzfeldt 1983; Horel 1978; Gosner et al. 1986) Tierexperimente deuten darauf hin, daß bilaterale Läsionen im Hippokampus allein für die Entstehung eines amnestischen Syndroms ausreichend sind (Squire u. Zola-Morgan 1988). Untersuchungen an größeren Patientenserien mit komplex partiellen Anfällen und Operationen im Temporallappen zeigen jedoch, daß selektive Amygdalo-Hippokamp-Ektomien zu keinen über das präoperative Maß hinausgehenden Lern- oder Gedächtnisstörungen führen, sondern daß dadurch im Gegenteil bessere Lernleistungen in einzelnen Bereichen ermöglicht werden (Nadig u. Wieser 1987; Wieser u. Yasargil 1987). Umgekehrt zeigte sich aber nach anteriorer temporaler Lobektomie, daß die verbalen Lernstörungen vom Ausmaß der Resektionen des lateralen Kortex abhängig waren (Ojemann u. Dodrill 1985). Unsere Kenntnisse über die neuronale Organisation gedächtnisrelevanter Prozesse in verschiedenen Bereichen des Temporallappens sind sehr rudimentär und beruhen auf Untersuchungen, die die Zelldichte in Temporallappenstrukturen mit präoperativen Gedächtnisleistungen korrelieren (Rausch u. Babb 1987) und auf prä- bzw. intraoperativen Stimulationsuntersuchungen (Halgren et al. 1988; Ojeman u. Dodrill 1985). Sie lassen aber die Interpretation zu, daß nach einer chronischen Läsion im Hippokampus eine Funktionsverlagerung in andere Temporallappenbereiche möglich ist.

Daraus ergibt sich, daß es für die Operationsplanung von größter Bedeutung ist, einen genauen Überblick über die individuellen Variabilitäten der Lokalisation sprachlicher und mnestischer Funktionen zu erlangen.

Diagnoseverfahren

Hier kann zwischen Verfahren unterschieden werden, die allein eine Lateralitätsdiagnostik erlauben, und solchen, mit denen eine engere Lokalisationsdiagnostik betrieben werden kann.

Nichtinvasive Lateralitätsdiagnostik

Nichtinvasive Methoden zur sprachlichen Lateralitätsdiagnostik sind:

- das dichotische Hören (Übersicht bei Bryden 1982; Noffsinger 1985),
- die tachistoskopische Halbfeldpräsentation (Übersicht bei Zaidel 1985),
- kognitiv evozierte Potentiale (CEP) (Übersicht bei Brown et al. 1985),
- SPECT und PET unter kognitiven Aktivationsbedingungen (Übersicht bei Mazziotta u. Phelps 1985; Gur 1985).

Den 3 ersten Verfahren ist gemeinsam, daß mit ihnen im individuellen Fall keine verläßliche Aussage über die Lateralisierung einer bestimmten Funktion gemacht werden kann (Bryden 1982). Entwicklungen auf dem Gebiet der kognitiv evozierten Potentiale (CEP) mögen diese Aussage relativieren (Altenmüller et al. 1988). Auch für die Positronenemissionstomographie (PET) und die „Single Photon Emission Computerized Tomography" (SPECT) gilt, daß geeignete Testverfahren noch nicht gefunden sind, die eine sichere Lokalisation bestimmter kognitiver Prozesse gestatten und daß darüber hinaus eine Validierung dieser Methoden anhand des Wada-Testes ebenfalls noch aussteht (Fox et al. 1988). Auch die Korrelation der Resultate tachistoskopischer Halbfeldstimulation mit dem Wada-Test gelingt im individuellen Fall nicht (Strauss et al. 1985). Die meisten Zentren halten deshalb eine invasive Lateralitätsdiagnostik vor einer Operation im Temporallappen für notwendig.

Invasive Lateralitätsdiagnostik mit den Wada-Test

Nur für eine ausgewählte Patientengruppe gemäß der Stufendiagnostik kommt der Einsatz von präoperativen invasiven Verfahren zur Lokalisationsdiagnostik in Frage. In erster Linie handelt es sich dabei um den Wada-Test (Wada u. Rasmussen 1960; Rasmussen u. Milner 1975; Jones-Gotman 1988). War er zunächst zur Identifikation der sprachdominanten Hemisphäre konzipiert, so ist durch die Arbeitsgruppe um Milner am Neurologischen Institut Montreal der Test auch zur Vorhersage von globalen amnestischen Defiziten nach Temporallappenoperationen modifiziert worden.

Indikation

Eine Indikation zur Durchführung des Wada-Tests wird vor Operationen im Temporallappen und anderen möglicherweise sprachsensiblen Regionen dann gesehen, wenn Hinweise für eine atypische Sprachdominanz bei Rechtshändern vorliegen. Solche Hinweise können aus anderen nichtinvasiven lateralitätsdiagnostischen Methoden gewonnen werden, sie können aber auch mit neuropsychologischen Tests erschlossen werden, bei denen dann funktionale Störungen kontralateral zum epileptogenen Fokus dokumentiert werden müssen (Jones-Gotman 1988). Auch bei allen Nicht-Rechtshändern und bei familiärer Linkshändigkeit wird der Wada-Test zur individuellen Klärung der Sprachdominanzverhältnisse eingesetzt.

Eine 2. Indikation ergibt sich zur Abschätzung von postoperativen Gedächtnisdefiziten zur Vermeidung eines globalen amnestischen Syndroms bei Patienten mit geplanter Operation im Temporallappen.

Methode

Das Wada-Test wird an 3 aufeinanderfolgenden Tagen durchgeführt. Am 1. Tag wird der Patient ausführlich über den Test aufgeklärt und mit dem Vorgehen vertraut gemacht. Zunächst werden 10 hochkonkrete Bilder gezeigt, deren Registrierung durch Kopfnicken zu bestätigen ist. Dann werden 10 ebenfalls hochfrequente und konkrete Wörter einmalig vorgelesen. Im Anschluß daran werden 10 Aufgaben aus dem Token-Test mit steigender Schwierigkeit vorgelegt. Es folgen Nachsprechaufgaben und Reihensprechen. Erst dann wird die Gedächtnisfunktion überprüft. Zunächst soll der Patient versuchen, frei die gezeigten Items zu erinnern, um sie daran anschließend in einem Multiple-choice-Wiedererkennungsexperiment aus Ablenkern herauszufinden. Der Patient hat hier die Aufgabe, das gezeigte Bild aus einer Gruppe mit 3 Ablenkern herauszufinden. Am folgenden Tag wird dann die 1. Hemisphäre untersucht, wobei die Reihenfolge der Untersuchungen zufällig ist. Die gesamte Prozedur wird unter Video- und EEG-Kontrolle durchgeführt. Nach transfemoraler Katheterisierung der A. carotis interna und Kontrolle der korrekten Lage der Katheterspitze werden 2 mg/kg Körpergewicht Natriumamytal in 10 ml einer physiologischen Kochsalzlösung über 2–4 s von Hand injiziert. Der Wirkungseintritt des Barbiturats wird durch die plötzlich einsetzende kontralaterale Hemiparese des laut zählenden und die Arme vorhaltenden Patienten manifest. Zudem stellt sich oft nach einer kurzen Phase einer bifrontalen ϑ-Aktivität ein kontinuierlicher Verlangsamungsherd über der betreffenden Hemisphäre ein. Die Präsentation der zu memorisierenden Items geschieht während der Inaktivierungsphase, deren Dauer durch die hemisphärische Verlangsamung im EEG festgestellt wird. Dabei ist selbstverständlich auf eine mögliche Hemianopsie zu achten. Die Registrierung der Items durch den Patienten wird durch die vorgelernte Prozedur des Kopfnickens verifiziert. Die Bestimmung der Sprachdominanz erfolgt dann nach folgenden Kriterien: Dauer des „speech arrest", Auftreten von paraphasischen Fehlern und Auftreten von Fehlern im modifizierten Token-Test. Nach Abschluß der Untersuchung der 2. Hemisphäre wird eine Angiographie durchgeführt, um die zerebrale Hämodynamik zu untersuchen und einen „cross-flow" oder Gefäßvarianten dokumentieren zu können.

Im typischen Fall der *linkshemisphärischen Sprachdominanz* kommt es nach Wirkungseintritt des Amobarbitals zu einem minutenlangen Speech arrest, der von einer Phase gefolgt wird, in der meist phonematische Paraphasien und Sprachverständnisdefizite dominieren. Bei Perfusion der nicht sprachdominanten Hemisphäre dagegen tritt allenfalls ein sekundenlanger Speech arrest, in der Regel jedoch nur eine Verlangsamung des Sprachflusses mit einer deutlichen dysarthrischen Komponente auf.

An Patienten mit *bilateraler Sprachdominanz* zeigen sich bei Perfusionen beider Hemisphären in der Regel mildere Ausfälle, ohne daß es jedoch zu kürzer dauernden Hemiparesen kommt. Es ist sogar möglich, daß in beiden Hemisphären kein Speech arrest auftritt. Paraphsien und Sprachverständnisstörungen treten ebenfalls bei Inaktivierung beider Hemisphären auf.

Ergebnisse
Die mit dem Wada-Test gewonnenen Ergebnisse hinsichtlich der Hemisphärendominanz sprachlicher Leistungen bei epileptischen Patientengruppen lassen sich zweifellos nicht auf eine Normalpopulation übertragen, da – wie oben ausgeführt – durch eine früh einsetzende neurologische Erkrankung mit einer Reorganisation der neuronalen Systeme für sprachliche und nichtsprachliche Funktionen zu rechnen ist. Eine Zusammenfassung einiger Arbeiten über Sprachdominanz und Händigkeit zeigt Tabelle 1. Es ist daraus zu ersehen, daß bei Rechts- und Nicht-Rechtshändern alle Muster von Dominanzverhältnissen in nicht-epileptischen Populationen zu erwarten sind, so daß die Durchführung eines Wada-Tests zur individuellen Sprachdominanzbestimmung gerechtfertigt erscheint.

Die 2. Hauptaufgabe des Wada-Tests ist die Vorhersage eines möglichen postoperativen globalen amnestischen Syndroms. Mit dem Wada-Test wird die Speicherungsphase des Gedächtnisses geprüft (Walker et al. 1987). Im physiologi-

Tab. 1. Sprachdominanz und Händigkeit

Autor	n =		Rechtshänder			Nichtrechtshänder		
		Sprache	Links	Bilateral	Rechts	Links	Bilateral	Rechts
Branch et al.								
1964	119		43	0	5	34	10	27
Fedio et al.								
1971	12		8	0	0	4	0	0
Mateer et al.								
1983	90		61	4	1	14	2	8
Oxbury et al.								
1984	23		7	10	0	1	4	1
Powell et al.								
1987	27		12	5	2	5	1	2
Rasmussen et al.								
1975	262		134	0	6	86	18	18
	109		25	2	4	23	15	40
Rausch et al.								
1984	62		50	2	4	3	2	1
Rey et al.								
1988	73		27	2	0	18	9	17
Serafinetides et al.								
1987	18		8	0	0	4	3	3
Silvenius								
1987	41		29	2	0	7	2	1
Willmore et al.								
1978	25		14	2	1	5	1	2
Gesamt	861		418	29	23	204	67	120
			Gesamt 470			Gesamt 391		
Prozent			88,9	6,1	4,9	52,1	17,1	30,7

schen Fall sind linkshemisphärisch verbale und rechtshemisphärisch mnestische Funktionen für schwer zu verbalisierendes figürliches Material lokalisiert (Ojeman u. Dodrill 1985; Loring et al. 1988). Aus der Untersuchung der Lateralisierung von Gedächtnisfunktionen mit der Montrealer Prozedur des Wada-Tests können 3 mögliche Lateralisierungsmuster der Gedächtnisfunktionen abgeleitet werden (Powell et al. 1987):

- Alle Merkleistungen hängen von der Funktion eines Temporallappens ab, in diesem Fall würde die kontralaterale Perfusion zu keinen mnestischen Störungen führen, die ipsilaterale Perfusion jedoch zu einem globalen amnestischen Syndrom.
- Beide Temporallappen vermögen die mnestischen Funktionen unabhängig voneinander wahrzunehmen. Die Perfusion beider Hemisphäre hätte deshalb kein amnestisches Syndrom zur Folge.
- Die Gedächtnisleistung hängt von der intakten Funktion beider Temporallappen ab, so daß die Perfusion beider Hemisphären jeweils schwere amnestische Syndrome verursachte.

Die Einführung einer größeren Anzahl von Items mit verbalem und figuralem Material ermöglicht die Beurteilung von materialspezifischen Defiziten.

Trotz der weit verbreiteten Anwedung des Wada-Tests zur Vermeidung eines globalen amnestischen Syndroms bedarf es aber einer weiteren Explikation seiner Aussagekraft. Dies gilt zum einen für die Beziehung der während des Wada-Tests auftretenden materialspezifischen Defizite zu ähnlichen postoperativen Störungen und betrifft den Test als *prognostisches Instrument.* Dies gilt aber auch für den Test als *Auswahlinstrument,* der Patienten mit erhöhtem Risiko für ein globales amnestisches Syndrom erfaßt, da es sich gezeigt hat, daß falsch positive Vorhersagen möglich sind (Ojeman u. Dodrill 1985).

Möglicherweise können materialspezifische Defizite nur mit bestimmten Untersuchungstechniken erkannt werden (Dodrill u. Ojemann 1988). Die von Ojemann und seinen Mitarbeitern berichteten falsch positiven Aussagen des Wada-Testes als Auswahlinstrument, die durch eine intraoperative funktionelle Reizung von gedächtnisrelevanten Arealen korrigiert werden konnten, legen die Deutung nahe, daß bei einer intrahemisphörischen Verschiebung von Gedächtnisfunktionen immer dann falsch positive Ergebnisse auftreten, wenn die funktionelle Reorganisation Neuronenpopulationen umfaßt, die im selben arteriellen Stromgebiet liegen.

Somit führt die Wada-Prozedur in all jenen Fällen zu falsch positiven Prädiktionen eines globalen amnestischen Syndroms, in denen nur ein intrahemisphärischer Funktionsshift stattgefunden hat. Einen Ausweg aus diesem Dilemma bieten sowohl intraoperative Stimulationstechniken wie auch präoperative Tiefenableitungen, auf die später kurz eingegangen werden soll.

Da es im Einzelfall auch nach einer Angiographie schwierig ist, die individuelle Gefäßversorung des Hippokampus zu bestimmen, sind 2 Katheterisierungsmethoden entwickelt worden, die eine selektive Ausschaltung des Hippokampus in all jenen Fällen gestatten sollen, bei denen der epileptogene Fokus im Hippokampus liegt. Die Gefäßversorgung des Hippokampus erfolgt über die A. choroidea anterior, die hinter der A. communicans posterior aus der A. cerebri media entspringt und in seinen hinteren Anteilen aus parietookzipitalen Ästen der A. cerebri posterior. Dabei ist die Gefäßversorung hochgradig variabel. Es wurden entsprechend sowohl ein Zugang über die A. basilaris als auch ein Zugang über die A. choroidea anterior gewählt (Jack et al. 1988; Wieser et al. 1987). Von Vorteil bei beiden Techniken ist, daß nur die zu operierende Struktur selektiv ausgeschaltet wird. Begleitende verhaltensneurologische Auffälligkeiten, wie sie durch die Perfusion von großen kortikalen und subkortikalen Arealen entstehen können (Perseveration, Verwirrtheit, Somnolenz), entfallen deshalb. Dem steht jedoch das höhere technische Risiko bei der Durchführung selektiver Angiographien gegenüber. Es wird deshalb äußerst gewissenhaft abzuwägen sein, in welchen Fällen eine derartige Untersuchung indiziert ist.

Eine Ergänzung des Wada-Tests durch eine intraprozdeural durchgeführte HMPAO-SPECT-Untersuchung wurde von Biersack et al. (1987) vorgeschlagen. Sie gestattet, das Ausmaß der funktionellen Blockade der perfundierten Hemisphäre zu evaluieren. Inwieweit dieses Verfahren die Aussagekraft und Genauigkeit des Wada-Tests erweitert, steht noch nicht fest.

Tiefenableitungen

Im folgenden sollen kurz weitere Verfahren vorgestellt werden, die es gestatten, die Funktionsfähigkeit von kortikalen und subkortikalen Arealen für bestimmte kognitive Prozesse zu erfassen. Es handelt sich dabei um Stimulationsverfahren über chronisch implantierte Subdural- oder Tiefenableitungen oder die Ableitung von elektrischen Hirnaktivität nach kognitiver Aktivierung (Ojeman 1983; Gloor 1986; Roos u. Wieser 1987; Halgren 1984; Halgren et al. 1988; Taylor 1988; Creutzfeld et al. 1987).

Diese Verfahren basieren auf einer Korrelation von Verhaltensänderungen bei definierten kognitiven Anforderungen wie Spracherkennung und -verarbeitung oder Gedächtnisaufgaben mt definierten Reiz- und Ableitebedingungen. Sie erfordern die aktive Mitarbeit des Patienten. Ein Verfahren, das auf diese Mitarbeit nicht angewiesen ist, besteht in der Ableitung limbisch evozierter Potentiale während kognitiver Aktivitäten des Patienten (Loring et al. 1988). In allen Fällen besteht ein Operationsrisiko für den Eingriff.

Die Indikation für die Anwendung derartiger Techniken erfolgt primär zu exakteren Lokalisierung des epileptogenen Fokus (Wieser 1987). Neben der Registrierung intrazerebraler Ableitungsorte, wie z. B. des Hippokampus, des Gyrus parahippocampi oder der Amygdala, können zur Erfassung kortikaler elektrischer Aktivitäten auch subdural plazierte Elektroden verwendet werden. Eine Einschränkung ergibt sich hier allerdings durch den nicht sicher zu kontrollierenden Elektrodenkontakt mit der Gehirnoberfläche.

Damit ist es dann möglich:

- das Verhalten des Patienten in einem neuropsychologischen Test zu elektrischen Aktivitäten am Ableiteort zu korrelieren (Altafullah u. Halgren 1988),
- evozierte Potentiale unter den Bedingungen kognitiver Aktivierung abzuleiten (Taylor 1988; Loring et al. 1988),
- schließlich durch elektrische Stimulation am Ableiteort funktionelle Defizite in einem neuropsychologischen Test hervorzurufen (Gloor 1986; Loring et al. 1988; Halgren et al. 1988).

Intraoperative Kortikographie

Die zweifellos aufwendigste Form der funktionellen Kartographierung des menschlichen Kortex ist die intraoperative Stimulation, die von Penfield und Milner eingeführt wurde (Penfield u. Roberts 1959; Ojeman u. Dodrill 1987). Bei Operation im sprachdominanten Temporallappen ermöglichen die intraoperativen Stimulationstechniken jedoch eine wesentlich sicherere Resektionstechnik, da – wie oben ausgeführt – individuell erhebliche Variabilitäten in der kortikalen Repräsentation sprachlicher und anderer Prozesse zu erwarten sind.

Nachteil dieses Verfahrens ist, daß es aufgrund der Durchführung nur bestimmten Populationen vorbehalten bleibt. Ausgenommen sind i. allg. Kinder, bei denen keine ausreichende Kooperationsfähigkeit angenommen wird und Patienten mit atypischen Sprachdominanz, bei denen eine beidseitige Freilegung und Stimulation des Kortex erforderlich wäre. Daneben sind die zu verwendenden neuropsychologischen Testverfahren durch die Kürze (15 s) der zu applizierenden Reizfolgen limitiert. Für die Bestimmung der Sprachdominanz und der Gedächtnisleistungen sind stabile Negativphänomene entscheidend. Dabei muß eine Funktionsbeeinträchtigung während mehrerer Stimulationen an einem Stimulationsort vergleichbar beeinträchtigt sein. Demgegenüber müssen fehlende funktionelle Defizite an einer Vielzahl von anderen Stimulationsorten bei gleichen Aufgaben und Reizbedingungen stehen, um eine Aussage hinsichtlich der Spezifität des Reizortes für eine bestimmte Funktion machen zu können. Zur Feststellung der Sprachdominanz werden Benennteste, das Lesen einfacher Sätze, das Ausführen orofazialer Bewegungen und Aufgaben zur Phonemidentifikation verwendet. Die Gedächtnisfunktion wird in einem Recallparadigma geprüft, in dem der Patient einen Begriff frei erinnern muß, den er vorher benannt hat, oder es wird ein Wiedererkennexperiment durchgeführt, in dem eine Antwort des Patienten bei erneutem Auftauchen eines vorher gezeigten Items verlangt wird.

Ergebnisse
Aus kortikalen Reizexperimenten während kognitiver Leistungen ergibt sich, daß sprachrelevante Neuronenpopulationen im perisylvischen Kortex lokalisiert sind und Reizpunkte umfassen, die sich im Frontal-, Temporal- und Parietallappen befinden. Auch bei Reizung mediobasaler Temporallappenanteile werden Sprachfunktionen beeinträchtigt (Lüders et al. 1986, 1987). Die Punkte, von denen dabei Interferenzen mit sprachlichen Leistungen zu evozieren sind, umfassen nur wenige Quadratmillimeter und sind relativ weit voneinander entfernt. Ihre Stimulation führt häufig nur zur Beeinträchtigung *einer* sprachlichen Funktion (Ojeman 1983). Die Reizung des lateralen dominanten Neokortex verursacht Gedächtnisdefizite bei einfachen Wiedererkennungsexperimenten; es funktioniert unter kontextarmen Bedingungen. Hier existieren Neuronenpopulationen, die mit unterschiedlicher Aktivität auf Benennaufgaben und Gedächtnisaufgaben reagieren. Damit könnten sie eine Verbindung zwischen Gedächtnis und Sprachfunktion darstellen (Ojeman et al. 1987).

Demgegenüber ruft die Reizung der Amygdala komplexe, realistische Szenen mit Wahrnehmungscharakter und affektiver Komponente hervor (Gloor et al. 1982, Gloor 1986).

Die Stimulation des dominanten Hippokampus führt dann zu schweren Gedächtnisstörungen, wenn der kontralaterale Hippokampus den epileptogenen Herd beherbergt. Bei Reizung des nichtdominanten Hippokampus zeigt sich keine wesentliche Verschlechterung der Gedächtnisleistungen. Befindet sich der epileptogene Herd im dominanten Temporallappen, so verursacht die Stimulation des rechten oder linken Hippokampus keine wesentlichen Gedächtnisstörungen (Loring et al. 1988a). Dies kann als Beleg dafür angesehen werden, daß beide Hippocampi nicht funktionell gleichwertig sind und sich gegenseitig kompensieren können. Unter den Bedingungen kognitiver Aktivierung im Wiedererkennungsexperiment zeigen Ableitungen aus dem Hippokampus, daß spezifische, abstrakte Eigenschaften der wiederzuerkennenden Stimuli zu einer erhöhten Aktivitätsrate hippokampaler Neuronenpopulationen führen (Halgren et al.

1988). Die Eigenschaften, auf die die Neuronen mit einer erhöhten Aktivitätsrate reagieren, hängen dabei von der expliziten Aufgabe an den Probanden ab. Damit stellt sich das hippokampale Neuronensystem als kontextabhängig dar. Die Ableitung von kognitiv evozierten Potentialen bei Lernaufgaben läßt keine Korrelation zwischen dem Vorhandensein dieser Potentiale und Gedächtnisleistungen zu (Loring et al. 1988b). Dabei ist die Anzahl der untersuchten Patienten jedoch sehr gering, so daß eine Beurteilung dieser Technik noch verfrüht erscheint.

Insgesamt werden die Tiefenableitungen unter Stimulationsbedingungen eine genauere Vorhersage von Gedächtnisleistungen ermöglichen, als dies der globale Wada-Test kann, da an operationsrelevanten Arealen Stimulationen vorgenommen werden können.

Literatur

Altafullah I, Halgren E (1988) Focal medial temporal lobe spike-wave complexes evoked by a memory task. Epilepsia 29:8–13

Altenmüller E, Kriechbaum W, Helber U (1988) Kortikale DC Potentiale bei Sprachleistungen: Konkrete und abstrakte Sprachkategorien aktivieren unterschiedlich Hirnareale. Deutsche EEG-Gesellschaft, 33. Jahrestagung Hamburg 1988

Biersack HJ, Linke D, Brassel F et al. (1987) Technetium HM-PAO-SPECT in epileptic patients before and during Wada-test. J Nucl Med 28:1763–1767

Blume WT, Grabow JD, Darlex FL, Aronson AE (1973) Intracarotid amobarbital test of language and memory before temporal lebectomy for seizure control. Neurology 23

Branch C, Milner B, Rasmussen T (1984) Intracarotid sodium amytal for the lateralization of cerebral speech dominance. J Neurosurg 21:399–405

Bromfield EB, Ludlow CL, Bassich CJ, Theodore WH (1988) Cerebral activation during speech perception in temporal lobe epilepsy. Neurology 38:278

Brown WS, Marsh JT, Ponsford RE (1985) Hemispheric differences in event-related brain potentials. In: Benson DF, Zaidel E (eds) The dual brain. Hemisphereic specialization in humans. Guilford, New York London

Bryden MP (1982) Laterality – functional asymmetry in the intact brain. Academic Press, New York

Creutzfeldt OD (1983) Cortex cerebri. Leistung, strukturelle und funktionelle Organisation der Hirnrinde. Springer, Berlin Heidelberg New York Tokyo

Creutzfeld OD, Ojeman G, Lettich E (1987) Single neuron activity in the right and left human temporal lobe during listening and speaking. In: Engel J (eds) Fundamental mechanisms of human brain function. Raven Press, New York

Dodrill CB (1978) A neuropsychological battery for epilepsy. Raven Press, New York

Dodrill CB, Ojemann GA (1988) Comparison of three methods of memory assessment with the intracarotic amytal procedure. Epilepsia 29/5

Engel J, Rausch R, Lieb JP, Kuhl DE, Crandall PH (1981) Correlation of criteria used for localizing epileptic foci in patients considered for surgical therapy of epilepsy. Ann Neurol 9:215–224

Fedio P, Weinberg LK (1971) Dysnomia and impairment of verbal memory following intracarotid injection of sodium amytal. Brain Res 31:159–168

Fox PT, Petersen S, Posner M, Raichle M (1988) PET – Assessment of hemispheric dominance for language. Neurology 38:365

Geschwind N, Galaburda AM (1987) Cerebral lateralization – biological mechanisms, associations and pathology. MIT Press, Cambridge/MA

Gloor P (1986) Role of the human limbic system in perception, memory, and affect: Lessons from temporal lobe epilepsy. In: Doane BK, Livingstone KE (eds) The limbic system: Functionel organization and clinical disorders. Raven Press, New York

Gloor P, Olivier A, Quesney LF, Andermann F, Horowitz S (1982) The role of the limbic system in experimental phenomena of temporal lobe epilepsy. Ann Neurol 12:129-144

Gosner A, Perret E, Wieser HG (1986) Ist der Hippokampus für Lern- und Gedächtnisprozesse notwendig? Nervenarzt 57:269-275

Gur RC (1985) Imaging regional brain physiology in behavioural neurology. In: Mesulam NM (ed) Principles of behavioural neurology. Davis, Philadelphia

Halgren E (1984) Human hippocampal and amygdala recording and stimulation: Evidence for a neural model of recent memory. In: Squire LS, Butters N (eds) Neuropsychology of memory. Guilford, New York London

Halgren E, Heit G, Smith ME (1988) Human hippocampal neuronal firing to specific individual words and faces. In: Haas HL, Buzsàki (eds) Synaptic plasticity in the hippocampus. Springer, Berlin Heidelberg New York Tokyo

Horel JA (1978) The neuroanatomy of memory. Brain 101:403-445

Jack CR, Nichols DA, Sharbrough FW, Marsh WR, Petersen RC (1988) Selective posterior cerebral artery amytal test for evaluating memory function before surgery for temporal lobe seizure. Radiology 168:787-793

Jones-Gotman M (1988) Preoperative neuropsychological evaluation. Surgical Treatment of Epilepsy 1988, American Epilepsy Society Annual Course, October 16, San Francisco/CA

Kinsbourne M, Hiscock M (1987) Language lateralization and disordered language development. In: Rosenberg, Sheldan (eds) Advances in applied psycholinguistics, vol 1. Cambridge University Press, Cambridge

Kurthen M, Biersack HJ, Linke DB et al. Präoperative Diagnostik: Wada-Test mit SPECT-Kontrolle zur Hirnfunktionslokalisation bei therapieresistenter Epilepsie. Neurochirurgia 31:96-98

Lesser RP, Dinner DS, Lüders H, Morris HH (1986) Memory for objects presented soon after intracarotid amobarbital sodium injections in patients with medically intractable complex partial seizures. Neurology 36:895-899

Loring DW, Lee GP, Flaning HF, Meador KJ, Smith JR, Gallagher BB, King DW (1988a) Verbal memory performance following unilateral electical stimulation of the human hippocampus. Epilepsy 1:79-85

Loring DW, Meador KJ, King DW, Gallagher BB, Smith JR, Flaning HF (1988b) Relationship of limbic evoked potentials to recent memory performance. Neurology 38:45-48

Lüders H, Lesser RP, Dinner DS, Morris HH, Resor S, Harrison M (1986) Basal temporal language area demonstrated by electrical stimulation. Neurology 36:505-519

Lüders H, Lesser RP, Dinner DS, Morris HH, Wyllie E (1987) Language deficits elicited by electrical stimulation of the fusiform gyrus. In: Engel J (eds) Fundamental mechanisms of human brain function. Raven Press, New York

Mazziotta JC, Phelps ME (1985) Metabolic evidence of lateralized cerebral function demonstrated by positron emission tomography in patients with neuropsychiatric disorders and normal individuals. In: Benson DF, Zaidel E (eds) The dual brain. Hemispheric specialization in humans. Guilford, New York London, pp 181-192

McGlone J (1984) Speech comprehension after unilateral injection of sodium amytal. Brain Lang 22:150-157

Mendius JR, Engel J (1985) Studies of hemispheric lateralization in patients with partial epilepsy. In: Benson DF, Zaidel E (eds) The dual brain. Hemispheric specialization in humans. Guilford, New York London

Milner B, Penfield W (1955) The effect of hippocampal lesions on recent memory. Trans Am Neurol Assoc 80:42-48

Moscovitch M (1983) The linguistic and emotional functions of the normal right hemisphere. In: Perecman E (ed) Cognitive processing in the right hemisphere. Academic Press, New York

Nadig T, Wieser HG (1987) Problems of learning and memory: Comparison of performances before and after surgical therapy. In: Wieser HG, Elger CW (eds) Presurgical evaluation of epileptics. Springer, Berlin Heidelberg New York Tokyo, pp 91-93

Noffsinger D (1985) Dichotic-listening techniques in the study of hemispheric asymmetries. In: Benson DF, Zaidel D (eds) The dual brain: Hemispheric specialization in humans. Guilford, New York London, pp 127–141

Ojeman GA (1983) Brain organization for language from the perspective of electrical stimulation mapping. Behav Brain Sci 6:189–230

Ojeman GA (1988) Effect of cortical and subcortical stimulation on human language and verbal memory. In: Plum F (Ed) Language, communication, and the brain. Raven Press, New York, pp 101–115

Ojeman GA, Dodrill CB (1985) Verbal memory deficits after left temporal lobectomy for epilepsy. J Neurosurg 62:101–107

Ojeman GA, Dodrill CB (1987) Intraoperative techniques for reducing language and memory deficits with left temporal lobectomy. In: Wolf P, Dam M, Janz F, Dreifuss E (eds) Advances in epileptology, vol 16. Raven Press, New York, pp 327–330

Ojeman GA, Creutzfeld OD, Lettich E (1987) Neuronal activity in human temporal cortex related to naming and short-term verbal memory. In: Engel J (ed) Fundamental mechanisms of human brain function. Raven Press, New York, pp 61–67

Penfield W, Roberts L (1959) Speech and brain mechanisms. Princeton University Press, Princeton

Powell GE, Polkey CE, Canavan AGM (1987) Lateralisation of memory functions in epileptic patients by use of the sodium amytal (Wada) technique. J Neurol Neurosurg Psychiatry 50:665–672

Rasmussen R, Milner B (1975) Clinical and surgical studies of the cerebral speech areas in man. In: Zülch KJ, Creutzfeldt O, Galbraith GC (eds) Cerebral localization. An Ottfried Foerster symposium. Springer, Berlin Heidelberg New York, pp 238–255

Rausch R (1987) Psychological evaluation. In: Engel J (ed) Surgical treatment of the epilepsies. Raven Press, New York

Rausch R, Babb TL (1987) Evidence for memory specialization within the mesial temporal lobe in man. In: Engel J (eds) Fundamental mechanisms of human brain function. Raven Press, New York

Rausch R, Walsh GO (1984) Right-hemisphere language dominance in right-handed epileptic patients. Arch Neurol 41:1077–1080

Rey M, Dellatolas G, Bancaud J, Talairach J (1988) Hemispheric lateralization of motor and speech functions after early brain lesion: Study of 73 epileptic patients with intracarotid amytal test. Neuropsychologia: 26/1:167–172

Roos A, Wieser HG (1987) Memory performance during electrically induced unilateral afterdischarges of mediobasal limbic structures. Abstract, 17th Epilepsy International Congress, Jerusalem, Israel, September 6–11

Sass KJ, Spencer DD, Nevelly RA, Chayatte D, Barr W (1988) Neocortically based, congenital vascular malformations II: Speech lateralization via the intracarotid amytal Procedure. Clin Exp Neuropsychol 10:86

Serafinetides EA, Hoare RD, Driver MV (1965) Intracarotid sodium amylobarbitone and cerebral dominance for speech and conciousness. Brain 88:107–130

Silfvenius H (1987) Intracarotid amobarbital testing and assessment of speech laterality. In: Wieser HG, Elger CE (eds) Presurgical evaluation of epileptics. Springer, Berlin Heidelberg New York Tokyo

Sperling M (1988) EEG evaluation techniques. Surgical Treatment of Epilepsy, 1988 American Epilepsy Society Annual Course, October 16, San Francisco/CA

Squire L, Zola-Morgan S (1988) Memory: brain systems and behaviour. TINS 11, 170–172

Strauss E, Wada J, Kosaka B (1985) Visual laterality effects and cerebral speech dominance determined by the carotid amytal test. Neuropsychologia 23:567–570

Taylor DC (1975) Ontogenesis of chronic epileptic psychoses: A reanalysis. Psychol Med 1:247–253

Taylor DC (1988) Spectral analysis of human hippocampal EEG. J Clin Exp Neuropsychol 10:53

Trimble MR, Thompson PJ (1986) Neuropsychological aspects of epilepsy. In: Grant I, Adams KM (eds) Neuropsychological assessment of neuropsychiatric disorders. Oxford University Press, New York

Wada J, Rasmussen T (1960) Intracarotid injection of sodium amytal for the lateralization of cerebral speech dominance. Experimental and clinical observations. J Neurosurg 17

Walker JA, Stanulis RG, Laxer KD (1987) What stages of memory do the temporal lobes serve? A sodium amytal perspective. In: Engel J (ed) Fundmental mechanisms of human brain function. Raven Press, New York

Wieser HG (1987) Stereo-EEG, intraoperative monitoring and anaesthesia In: Halliday AM, Butler SR, Paul R (eds) A textbook of neurophysiology. Wiley, Chichester New York, pp 269–304

Wieser HG, Yasargil G (1987) Selective amygdalohippocampectomy: Follow-up study of 103 patients. In: Wolf P, Dam M, Janz D, Dreifuss FE (eds) Advances in epileptology, vol 16. Raven Press, New York, pp 331–335

Wieser HG, Valavanis A, Regard M, Landis T, Yasargil G (1987) „Selective" amytal temporal lobe memory test. Abstract, 17th Epilepsy International Congress, Jerusalem, Israel, September 6–11

Zaidel D (1985) Language in the right hemisphere. In: Benson DF, Zaidel E (eds) The dual brain. Hemispheric specialization in humans. Guilford, New York London, pp 143–155

Stereotaktisches Monitoring zerebraler Anfälle

A. Olivier

Im Laufe der vergangenen 10 Jahre ist das Interesse an intrakraniellen EEG-Ableitungen mit Hilfe von subduralen Streifen sowie subduralen („grids") und intrazerebralen „Tiefenelektroden" beträchtlich gewachsen. Dieses Interesse ist durch die Einführung neuer Monitoring- und bildgebender Techniken angeregt worden, die diagnostische Probleme der fokalen Epilepsien klärten und gleichzeitig neue diagnostische Möglichkeiten eröffneten, die weit über die Grenzen der üblichen extrakraniellen Elektroenzephalographie hinausgingen. Wahrscheinlich wird noch einige Zeit vergehen, bis man sich über Indikation sowie Vor- und Nachteile dieser verschiedenen Verfahrensweisen einig ist. Einige wesentliche Voraussetzungen für eine angemessene intrakranielle Aufzeichnungstechnik sind anatomische Genauigkeit, ausreichende Erfassung des Gehirnvolumens und niedrige Morbidität.

In dieser Studie soll die Technik der Stereoenzepahlographie (SEEG), wie sie im Neurologischen Institut in Montreal angewandt wird, beschrieben werden. Die SEEG besteht aus direkten zerebralen Ableitungen durch stereotaktisch aufgesetzte intrakranielle Elektroden. Diese Technik wurde zuerst von Bancaud u. Dell (1959) erprobt und am M.N.I. durch Hinzufügen neuer, bildgebender Techniken weiterentwickelt. Das Verfahren besteht in der exakten individuellen Darstellung der Gyri und Sulci sowie der vaskulären Anatomie des Gehirns, wie sie die digitale Subtraktionsangiographie (DSA) und die Magnetische Resonanztomographie (MRI) aufzeigen. Sie kann durch Computertomographie (CT) und Positronenemissionstomographie (PET) vervollständigt werden. Die so dargestellte spezifische Anatomie jedes individuellen Patienten ermöglicht die stereotaktische Einführung einer Anzahl von Elektroden über oder in vorher festgelegte Strukturen, von denen angenommen wird, daß sie für das Anfallsgeschehen von Bedeutung sind, ohne auf dem Implantationsweg Gehirngefäße zu verletzen. Auf diese Art werden subkortikale und kortikale Strukturen für direkte Aufzeichnungen zugänglich gemacht. Besondere Aufmerksamkeit gilt der Morphologie und dem Ausmaß tiefer, verborgener Furchen.

Dieses Vorgehen hat sich als nützlich und oft ausschlaggebend bei der Klärung von Problemen der hemisphärischen Lateralisation sowie der Lokalisation innerhalb einer Hemisphäre oder eines Gehirnlappens erwiesen. Außerdem ist es eine sichere und erfolgreiche Methode für die Auswahl der für die operative Behandlung in Frage kommenden Patienten. So konnten viele Patienten operiert werden, die vorher abgewiesen worden wären.

Indikationen

Direkte zerebrale Aufzeichnungen von Anfällen über längere Zeit mit implantierten, intrazerebralen und epizerebralen Elektroden unter Anwendung eines Computerdetektionsprogrammes, können – wenn ein Fokus angenommen, aber nicht erwiesen ist – ein wichtiges Instrument bei der Lateralisation und Lokalisation des Anfallsbeginns sein (Tabelle 1). Eine SEEG-Untersuchung ist angezeigt, wenn vorangegangene extrakranielle Aufzeichnungen und andere ergänzende Tests eine bestimmte Lokalisation vermuten lassen. Praktisch bedeutet dieses für gewöhnlich, daß intrakranielle Ableitungen das Auftreten des Anfalls in der vermuteten Region beweisen können. Damit werden andere Regionen ausgeschlossen, die für den Anfallsprozeß ebenfalls in Frage kommen. Die Lateralisation und/oder Lokalisation muß eindeutig feststehen, nachdem alle gängigen Untersuchungsschritte, wie (Brain imaging), Neuropsychologie und alle Arten extrakranieller EEGs einschließlich Sphenoidalelektroden gründlich genützt wurden. Die Stereoenzephalographie wird dann als unnötig betrachtet, wenn alle Untersuchungsarten wiederholt auf ein einziges dominantes epileptogenes Areal hinweisen.

Wenn die angenommene Lokalisation des Anfallsgenerators feststeht, sollten die von Rasmussen festgelegten 3 Fragen gestellt werden:

1. Wo befindet sich der Anfallsbeginn? (Initiation)
2. Wieviel Gehirnvolumen ist beim Anfallsgeschehen betroffen? (Ausdehnung und Reverberation)
3. Wieviel des Gehirnvolumens sollte entfernt werden, um ein Ende oder eine Kontrolle der Anfallsfrequenz zu erreichen? (Operative Resektion)

Im Hinblick auf diese Fragen werden die Anzahl und das Anlegen der Elektroden festgelegt. Es müssen genügend Elektroden in strategisch wichtigen Arealen angelegt werden, die für ihren geringen Schwellenwert und für ihre häufige Verursachung spezifischer Anfallsmuster bekannt sind. Zur räumlich ausreichenden dreidimensionalen Beurteilung des Anfallsgeschehens müssen zusätzliche Aufzeichnungspunkte eingeschlossen werden.

Nach unserer Erfahrung ergibt sich die beste Indikation für SEEG-Aufzeichnungen bei Patienten, die eine Vielzahl bitemporaler EEG-Muster in extrakraniellen EEGs aufweisen (Tabelle 2), wie z.B. bei deutlich bilateralen interiktualen Entladungen, bei einem Anfallsbeginn kontralateral zu den vorherrschend interiktualen Entladungen oder bei einem durch Aufzeichnungsartefakte unge-

Tab. 1. Allgemeine Indikationen für die SEEG

Unklare Lateralisation

Unklare Lokalisation innerhalb einer Hemisphäre

Verdacht auf einen primären Fokus bei sekundär generalisierter Epilepsie oder multifokaler Epilepsie

Tab. 2. Indikationen für die SEEG bei „bitemporaler Epilepsie"

Bitemporale, unabhängige, interiktuale Spikes auf Skalp- und Sphenoidal-EEGs

Iktuale Entladungen auf der Seite, die sich kontralateral zur maximalen interiktualen Störung befindet

Anscheinend simultane, bitemporale, iktuale Entladungen mit häufigen Aufzeichnungsartefakten

wissen Anfallsbeginn. Eine weitere häufige Indikation für intrakranielle Aufzeichnungen ist die fortdauernde Ungenauigkeit der Lokalisation innerhalb einer Hemisphäre, nachdem die Lateralisation nachgewiesen wurde. Dieses Dilemma tritt für gewöhnlich dann auf, wenn zwischen einem temporalen und einem frontalen, einem okzipitalen und einem temporalen Fokus oder zwischen Entladungen auf beiden Seiten der sylvischen Fissur unterschieden werden muß.

Wenn aufgrund genügender und entsprechend verteilter Aufzeichnungspunkte die Untersuchung abgeschlossen ist, sollte nicht nur feststehen, in welcher Temporallappenseite der Anfall beginnt, sondern auch, welche Unterregion („subregion") oder Struktur des Gehirnlappens bei Beginn und früher Ausbreitung wesentlich beteiligt ist. Eine 3. Patientengruppe wird häufig für intrakranielle Aufzeichnungen in Betracht gezogen, nämlich die mit sog. sekundären generalisierten Epilepsien oder sekundärer bilateraler Synchronie, bei der für gewöhnlich ein frontaler „driving focus" vermutet, aber nicht nachgewiesen wird.

Verschiedene Stadien bei der Implantation intrakranieller Elektroden für die SEEG

Stadium I: Stereotaktische Lokalisation mit DSA und MRI

Diese Maßnahme wird unter Lokalanästhesie durchgeführt. Der Rahmen wird auf zwei parietalen und einem frontalen Dorn am Schädel befestigt, so daß der Hirnschädel innerhalb des Rahmens gelegen ist. Dieser Rahmen ist mit einer metrischen Skala entlang der 3 Ebenen ausgerüstet, so daß anschließend gewonnene morphologische Daten lokalisiert, gemessen und mittels spezieller Software für verschiedene Zwecke bearbeitet werden kann.

Der Patient wird vom Operationsraum mit dem an seinem Schädel befestigten Rahmen in den DSA-Raum gebracht, wo eine stereotaktisch überlagerte arteriovenöse Angiographie (mit speziellen Markierungen) durchgeführt wird. Der Rahmen besteht aus Metall, in das Plexiglasplatten mit Skalen eingebettet sind. Er ist außerdem mit Markierungen aus Metall ausgestattet. Diese Marker können an vorbestimmten Punkten in Relation zu der Skala des Rahmens angesetzt werden. Durch Auswechseln der Angiogrammarker können ähnliche Studien mit MRI (sowie CT und PET, falls nötig) durchgeführt werden. Wegen des geringen Gewichtes des Rahmens kann der Patient leicht in die verschiedenen Untersuchungseinheiten transportiert werden. Da das Sammeln der Bildbefunde und die Bestimmung der Zielpunkte Zeit in Anspruch nehmen, wird das Ansetzen der Elektroden bei einer 2. Einstellung vorgenommen. Ein exaktes Wiederansetzen des Rahmens ist nur dann möglich, wenn ein Längenindikator an den Fixierpunkten benützt wird. Es wird durch das Angleichen zweier Röntgenkontrollfilme gewährleistet.

Stadium II: Stereotaktische Analyse

Dieses Stadium besteht hauptsächlich in der Identifikation und Auswahl der Ableitezielpunkte, nach gründlicher Analyse der individuellen Anatomie des Gehirns in Bezug auf die Lagebeziehung von Gefäßen, Gyri und Sulci. Jedem Punkt innerhalb des Gehirnvolumens kann eine spezifische Lokalisation durch 3 Koordinaten zugeordnet werden (x, y, z), wenn die Markierungen am Rahmen mit dem DSA-Mr-Image (digitale Subtraktionsangiographie und Magnetresonanzbildgebung) verglichen werden. Elektrodenbahnen und Ableitepunkte können so in Relation zu den spezifischen anatomischen Strukturen gesetzt werden.

SEEG-Anatomie

Beim exakten Setzen der Elektroden muß einem System anatomischer Markierungspunkte gefolgt werden. Wird das Corpus callosum als Orientierungsstruktur benützt, können sowohl DSA als auch MRI integriert werden. Das Corpus callosum wird in DSA-Bildern indirekt abgrenzbar durch benachbarte Arterien und Venen auf dem mediosagittalen MRI-Scan direkt wiedergegeben. Beide Techniken ergänzen sich daher. Die individuellen Sulci und Gyri können bei der lateralen stereoskopischen Angiographie, bei der sich sowohl Venen als auch Arterien überlagern, mit größerer Genauigkeit identifiziert werden, als dies allein durch das MRI möglich ist. Die Angiographie ermöglicht ein indirektes, aber deutliches Sichtbarwerden des Gyri, während das MRI die definitive Form und das Volumen der Gyri festlegt, die zwischen die Gefäße „plaziert" werden können.

Identifikation der Gyri und Sulci

Hinsichtlich der Anatomie des Corpus callosum kann eine Reihe anatomischer Ebenen konstruiert werden, die für die Definition der Sulci und Gyri hilfreich sind. Die horizontale Ebene (HP) führt daher an den unteren Rand des Genu und den hinteren Teil (Splenium) des Corpus callosum. Tangentialebenen senkrecht zur HP-Ebene werden an der vorderen Grenze der Balkenknies (AC) und am Hinterrand des Spleniums (PC) festgelegt. Die mittlere kallosale Ebene befindet sich in einer mittleren Distanz zwischen AC und PC und damit in konstanter Beziehung zum unteren Sulcus centralis und der Amygdalaregion. Der Schnittpunkt der mittleren sagittalen, horizontalen und mittleren kallosalen Ebene ergibt einen Zentralpunkt des Gehirns für den Datentransfer von MRI

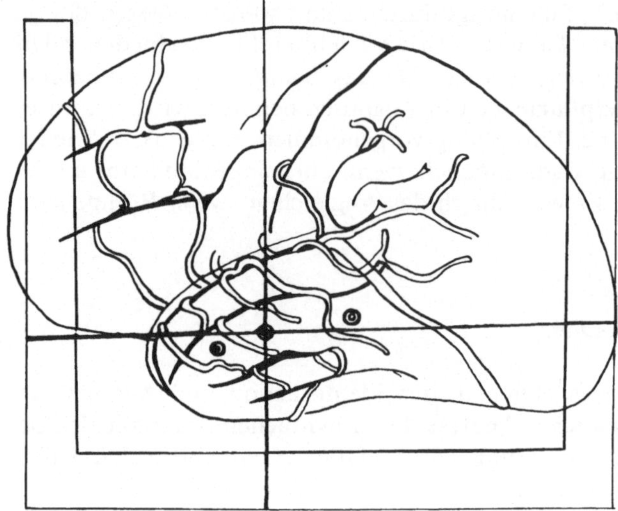

Abb. 1. Rolle der Angiographie beim Plazieren der Tiefenelektrode: Gyrale Identifikation und Vermeidung größerer Blutgefäße

und DSA. Jetzt ist es möglich, anhand von DSA und MR alle größeren Sulci und Gyri topographisch zu identifizieren (Abb. 1). Der Schwerpunkt liegt auf der Identifikation des zentralen Sulkus durch die charakteristische Struktur der zentralen Arterien. Der Vorgang gleicht dem Vorgehen des Chirurgen zum Zeitpunkt der Kraniotomie, in der die Gyri und Sulci durch das vaskuläre Muster visuell wahrgenommen werden, damit die Elektroden für die Elektrokortikographie entsprechend plaziert werden können.

Wenn die Anatomie der Gehirnoberfläche feststeht, werden epizerebrale, gyrale Zielpunkte ausgewählt.

Tiefenelektrodenzielpunkte und Aufzeichnungspunkte werden ebenfalls aufgrund von MR und Angiographie ausgewählt.

Stadium III: Plazieren der Elektroden

Im 3. Stadium werden die Elektroden plaziert (Abb. 2, Abb. 3). Nachdem der Patient zurück in den Operationsraum gebracht wurde, wird der Rahmen angesetzt und die richtige Position mittels Röntgenkontrolle festgelegt. Die Position des Rahmens in bezug auf den Schädel muß absolut identisch mit jenem zum Zeitpunkt der Lokalisation sein.

Tiefen- und Oberflächenelektroden werden auf die gleiche Art eingeführt. Der stereotaktische Rahmen ist mit einem Elektrodenträger ausgestattet, der entlang der X-(horizontalen) und Y-(vertikalen) Achse auf das Zielgebiet gebracht wird. Die Entfernung von der Mittellinie des Rahmens (Z) wird mit einem Lineal ausgerechnet. An jedem Elektrodenpunkt wird eine kleine Hautinzision vorgenommen, und beide Tabulae des Schädels werden mit einem kleinen 3mm-Bohrer trepaniert. Ein kleiner Schädelanker wird angeschraubt. Die epizerebralen Elektroden werden für gewöhnlich epidural genau über dem Gyrus gelassen. Tiefen-

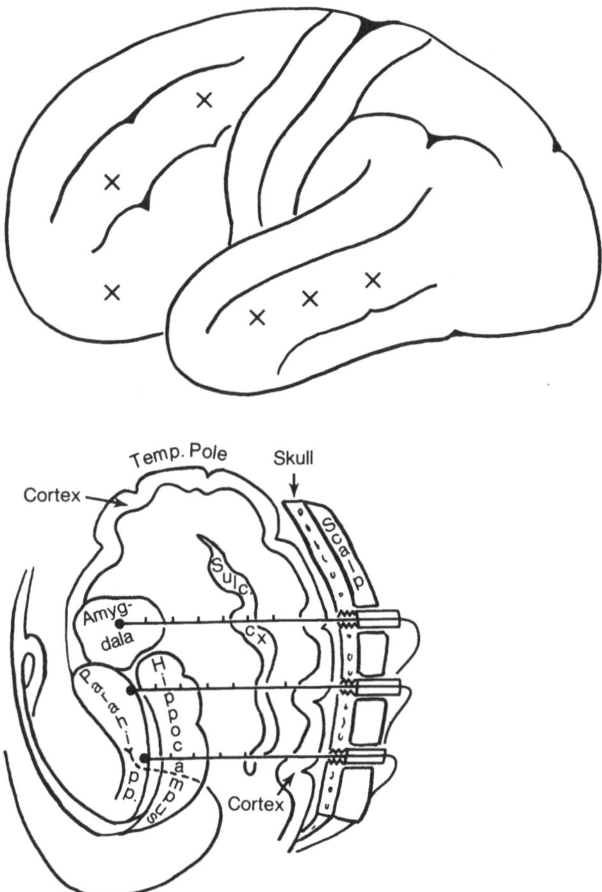

Abb. 2. *Oben:* gewöhnliche Plazierung der Elektroden in Fällen bilateraler oder unilateraler temperofrontaler Lokalisationsunklarheiten. *Unten:* Art der Befestigung und Einführung der Elektroden in das Temporalhirn

elektroden, intragyrale oder epizerebrale Elektroden können nach der Perforation der Hirnhaut durch Koagulation auf das Ziel gebracht werden. Die Elektroden werden mit einer Akrylmischung an der Schädelankerschraube befestigt. Damit der Vorteil des Angiogramms voll genützt werden kann und um eine Verletzung der arteriellen und venösen Gefäße zu verhindern, werden die Elektroden für gewöhnlich in einem 90°-Winkel von der Seite eingeführt. Die dreidimensionale angiographische Rekonstruktion ermöglicht nun die Einführung der Elektroden in alle Richtungen zur besseren Darstellung bestimmter Gyri und Sulci. Unter Bezugnahme auf die gyrale Anatomie kann jede Montage zur bipolaren oder referentiellen Ableitung benützt werden. Es werden geschmeidige, nichtmagnetische Stainless-steel-Multikontaktelektroden benützt.

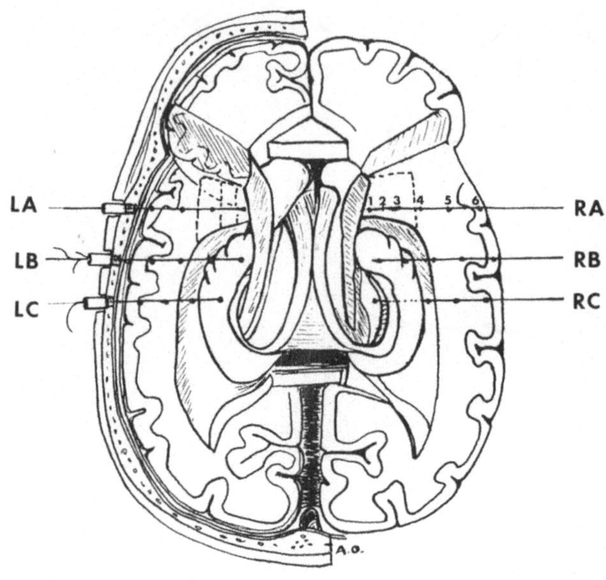

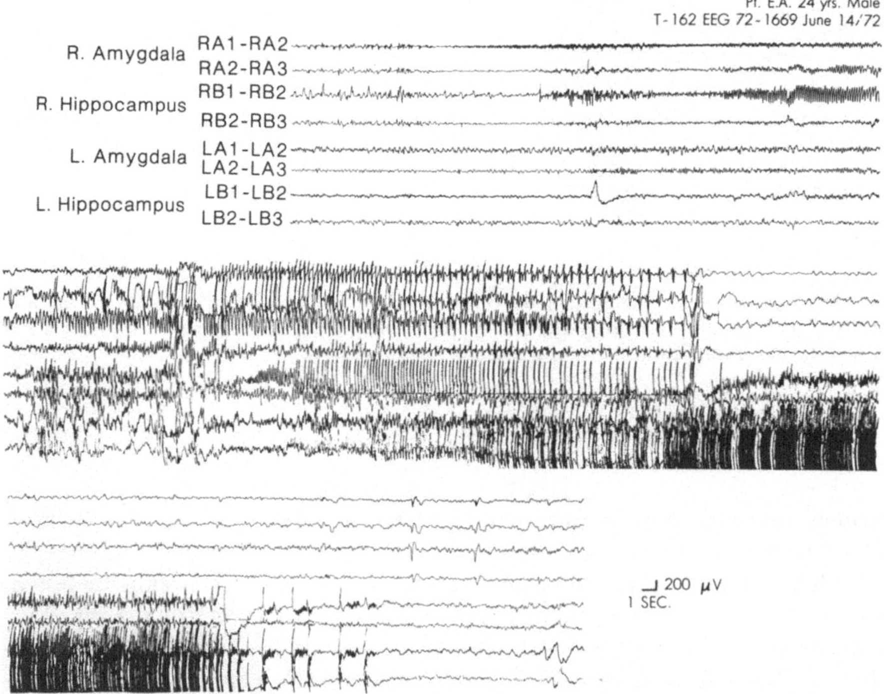

Abb. 3. *Oben:* Plazierung der Elektroden bei „bitemporaler Epilepsie". *RA* = rechte Amygdala, *RB* = rechter Hippokampus, *RC* = rechter parahippokampaler Gyrus, LA, LB, LC = homologe Strukturen der linken Seite. *Unten:* Aufzeichnung, die den Anfallsbeginn in der rechten limbischen Struktur aufzeigt, mit bilateraler Ausbreitung und Verweilen des Anfalls in linken temporalen Strukturen

Komplikationen

Im Verlauf der letzten 17 Jahre wurden in Montreal verschiedene Modifikationen der beschriebenen Technik regelmäßig eingesetzt. Die Komplikationsrate bei den ersten 100 Fällen war sehr niedrig. Durch das Einführen von Tiefenelektroden ist weder ein Todesfall zu beklagen, noch sind dauerhafte neurologische Störungen aufgetreten. Bei einem Patienten kam es zu einem Abszeß an einem abgebrochenen Teil der Elektrode, und bei einem anderen kam es in der Woche nach Entfernung der Elektroden zu einer Oberflächenskalp- und Subduralinfektion. Beide wurden ohne Folgeerscheinungen behandelt. Bei einem Patienten entwickelte sich ein subdurales Hämatom oberhalb des Frontalhirnlappens, das jedoch ohne Nachwirkungen entfernt wurde. Einige Patienten, die in der postiktualen Phase verwirrt waren und ihre Elektroden herauszogen, zeigten keine Nebenwirkungen. Wie sich in einem nach Entfernung der Elektroden erstellten MRI herausstellte, wies ein Patient eine Zyste am Elektrodentrakt auf, nachdem die Ankerschraube sich gelockert hatte.

Exemplarische Ergebnisse

Der Nutzen der SEEG bei der Aufklärung von Ungewißheiten hinsichtlich der Lateralisation zeigt sich am deutlichsten bei Patienten mit bitemporal unabhängigen epileptiformen Abnormalitäten in extrakraniellen EEGs. Von So et al. (1988a, b) wurden kürzlich 57 unserer Patienten, die dieses epileptiforme bitemporale Muster aufwiesen, mit stereotaktischen Tiefenelektroden untersucht. Die SEEG-Untersuchungen ergaben, daß bei 77% dieser Patienten die Anfallstätigkeit ausschließlich oder vorherrschend von einem Temporalhirn stammen. Bei 44% der Patienten entstanden die Anfälle ausschließlich im Temporalhirn. Bei weiteren 33% zeigte sich eine starke Neigung zum Anfallsbeginn im Temporalhirn. Nur bei 14% aller Patienten kam es zu Anfällen, die unabhängig ohne signifikante Neigung zu einer bestimmten Seite der Temporalhirnlappen entstanden. 9% hatten multiple, oft diffuse Anfallsmuster.

Bei einer Verlaufskontrolle von mindestens 2 Jahren nach der Operation wiesen von 49 Patienten 29% hervorragende Ergebnisse (Anfallsfreiheit) und 10% gute Resultate auf (nicht mehr als 3 Anfälle pro Jahr). 46% zeigten ein befriedigendes Ergebnis (mehr als 50% Anfallsreduktion). 85% dieser Patienten profitierten also von einem operativen Eingriff.

Diskussion

Trotz erstaunlicher Fortschritte in der Diagnostik von Anfallsleiden durch moderne Techniken der Bildgebung und des Monitorings, wie CT, MR und PET, bleibt bei einer beträchtlichen Anzahl von Patienten der Anfallsbeginn und die Propagation ungewiß bzw. nicht beweisbaren Vermutungen überlassen. Bei vielen dieser Patienten wird daher für die Anwendung der SEEG-Methode eine Hypothese hinsichtlich des primären epileptischen Fokus aufgestellt werden müssen.

Von dieser Hypothese, d. h. von der Frage, wo die Elektroden plaziert und wieviele benützt werden sollen, wird entscheidend die SEEG-Planung abhängen. Es ist wichtig, die Elektroden nicht nur in Areale zu implantieren, in denen der Anfallsbeginn vermutet wird, sondern auch dort, wo bewiesen werden muß, daß dieses nicht der Fall ist.

Tiefenelektroden haben den Nachteil, nur ein geringes Volumen zu erfassen. Wir haben dies daher im Laufe der Zeit mit einer größeren Anzahl von Elektroden kompensiert. Die Anzahl intrazerebraler Elektroden, die eingesetzt werden können, ist jedoch beschränkt. Wir haben daher die Anwendungsmöglichkeiten des stereotaktischen Elektrokortikogramms, d. h. das Implantieren verschiedener epizerebraler Elektroden, die epidural und direkt auf den Kortex eingebracht werden können, weiter untersucht. Diese umfassendere Methode erfordert ein strategisches Vorgehen beim kortikalen und subkortikalen Einsatz jeder einzelnen Elektrode. Klinische, technische, anatomische und physiologische Aspekte sollten in Erwägung gezogen werden, bevor die richtige Elektrode gewählt und die Anzahl der Elektroden und ihre Lokalisation bei einem bestimmten Patienten festgelegt wird.

Uns steht daher ein System des stereotaktischen EEGs zur Verfügung, das sowohl die Oberfläche und die Tiefe des Gehirns wie auch die dazwischenliegende Zone, die den tiefgelegenen Sulci entspricht, umfaßt.

Die bildgebenden Verfahren werden in der Zukunft noch größere anatomische Präzision sowie ein genaueres Anvisieren der Zielpunkte durch einen optimalen Ausgangswinkel erlauben. Die verbesserte Technologie bei SPECT und PET wird eine Aufklärung vieler Fälle ermöglichen, die die SEEG erübrigen. Andererseits können eine noch größere Anzahl von Fällen durch die SEEG weitere elektrische Klärung finden.

Es hat sich gezeigt, daß durch Einsatz entsprechender Techniken die Schwächen der SEEG sehr herabgesetzt werden kann, und daß das Leben vieler Patienten, die von Operationen ausgeschlossen worden wären, durch die äußerst erfolgreichen Ergebnisse eines chirurgischen Eingriffs verbessert werden kann.

„Stereotaktische Elektrokortikographie"

Während der Kraniotomie wird die Elektrokortikographie mittels zweier Reihen von je 4 Elektroden über dem Temporalhirn – eine entlang dem 2. und eine entlang dem 1. temporalen Gyrus – ausgeführt. Eine 3. Reihe wird an F3 entlang und dem unteren Areal, während eine 4. Reihe von Elektroden für gewöhlich entlang F2 auf der Zentralebene plaziert wird. Diese Plazierung wird für gewöhnlich mit Tiefenelektroden, die auf die limbischen Strukturen durch den 2. temporalen Gyrus gerichtet sind, ergänzt, während andere Oberflächenareale routinemäßig mit subduralen Elektroden abgedeckt werden. Es wird versucht, von einem vorherbestimmten Volumen aus abzuleiten. Eine Referenzelektrode ermöglicht es, monopolare Ableitungen auszuführen.

Aufgrund der stereotaktischen Technik ist es nun möglich, eine chronische Elektrokortikographie durchzuführen, ohne mit einer Kraniotomie fortfahren zu müssen.

Literatur

Bancaud J, Dell MB (1959) Techniques et methode de l'exploration fonctionelle stereotaxique des structures encephaliques chel l'homme (cortex, sous cortex, noyau gris centraux). Rev Neurol 101:213–227

Crandall PH, Walter RC, Rand RW (1963) Clinical applications of studies on stereotactically implanted electrodes in temporal lobe epilepsy. J Neurosurg 20:827–840

Gotman J (1985) Seizure recognition and analysis. In: Gotman J, Ives JR, Gloor P (eds) Long term monitoring in epilepsy. Clin Electroencephalogr Neurophysiol 35 [Suppl]:133–145

Ives JR, Thompson CJ, Gloor P et al. (1974) The on line computer detection and recording of spontaneous temporal lobe epileptic seizures from patients with implanted depth electrodes via a radio telemetry link. Electroencephalogr Clin Neurophysiol 37:205

Olivier A, Gloor P, Quesney LF, Andermann F (1983) The indications for and the role of depth electrode recording in epilepsy. Appl Neurophysiol 46:33–36

Olivier A, Gloor P, Andermann F, Quesney LF (1985) The place of sterotactic depth electrode recording in epilepsy. Appl Neurophysiol 48:395–400

Olivier A, Peters TM, Bertrand G (1985) Sterotaxic systems and apparatus for use with MRI, Ct, and SDA. Appl Neurophysiol 48:94–97

Peters TM, Clark JA, Olivier A et al. (1986) Integrated stereotaxic imaging with CT, MRI and DSA. Radiology 161:821–826

So N, Olivier A, Andermann F, Gloor P, Quesney LF (1988a) Results of surgical treatment in patients with bitemporal epileptiform abnormalities. (in press)

So N, Gloor P, Quesney LF, Jones Gotman M, Olivier A, Andermann F (1988b) Depth electrode studies in patients with bitemporal epileptiform abnormalities. (in press)

Talairach J, Bancaud J (1974) Stereotaxic exploration and therapy in epilepsy. In Vinken PJ, Bruyn GW (eds) The epilepsies. Handbook of Clinical Neurology, vol 15. North Holland, Amsterdam, pp 758–782

Epilepsiechirurgie

U. Neubauer

Geschichte

Die Geschichte der Epilepsiechirurgie begann am 25. 5. 1886, als Victor Horsley erstmals bei einem 22jährigen Patienten mit fokal motorischen Anfällen eine kortikale Narbe der Zentralregion operativ entfernte, die auf eine 15 Jahre zuvor erlittene Impressionsfraktur zurückging. Die Operation war erfolgreich, der Patient blieb viele Jahre anfallsfrei (Horsley 1886). Die Operation stützte sich auf die Ergebnisse experimenteller und klinischer Beobachtungen von Hughlings-Jackson und Ferrier über die zerebralen Lokalisationen, die erstmals durch elektrische Stimulation der Hirnrinde die Bedeutung des präzentralen Kortex erkannten.

In Deutschland waren es Krause und v. a. Foerster, die sich intensiv mit der chirurgischen Therapie der Epilepsie beschäftigten. In den 20er Jahren diagnostizierte Foerster den für die Epilepsie verantwortlichen Fokus durch kortikale Stimulation, die zu den typischen Anfällen des Patienten führte (Foerster 1925). Zusammen mit Penfield arbeitete er auch über die strukturellen Ursachen der traumatischen Epilepsie (Foerster u. Penfield 1930). Foerster führte erstmals die Elektrokortikographie am Menschen durch. Dieses Verfahren brachte die Epilepsiechirurgie einen ganz entscheidenden Schritt voran, konnte damit doch gezeigt werden, daß morphologische Läsion und epileptogener Fokus nicht identisch sind, und ließ das eigentlich aktive Areal erkennen. Darin liegt bis heute die wesentliche Bedeutung der Elektrokortikographie, dies macht sie für die resezierenden Verfahren unverzichtbar. Penfield, der inzwischen das Montreal Neurological Institute an der McGill-Universität gegründet hatte, wurde zusammen mit Jasper und Rasmussen zum entscheidenden Motor für die weitere Entwicklung der Epilepsiechirurgie mit dem Schwerpunkt auf den resezierenden Verfahren (Penfield u. Jasper 1954). Die Erfahrungen zeigten aber, daß nicht in allen Fällen ein zu resezierender Fokus gefunden werden konnte. Parallel dazu entwickelte sich das Verständnis der elektrophysiologischen Abläufe bei der Epilepsie weiter. Es wurde klar, daß die Messung der elektrischen Phänomene an der Hirnoberfläche allein nicht ausreichte, um Entstehung und Ausbreitung der Anfallsaktivität im Einzelfall zu klären. Talairach et al. (1974) entwickelten daher stereotaktische Verfahren zur Tiefenableitung des EEG aus dem Hirn

(SEEG). Der logische Schritt war die Entwicklung stereotaktischer Eingriffe mit dem Ziel, die epileptische Erregungsausbreitung zu unterbrechen (Ojemann u. Ward 1975; Ramamurthi u. Kalyanaraman 1982; Walker 1982). Verschiedene Zielpunkte sind heute Gegenstand überwiegend noch experimenteller Untersuchungen, wie die Forel-Felder, subkortikale Kerne und das limbische System. Die größten klinischen Erfahrungen zur Leitungsunterbrechung epileptischer Aktivität liegen bei der partiellen Kallosotomie vor. Alle diese Verfahren sind jedoch bis heute wesentlich weniger effektiv als die Resektionen, die daher klinisch weiter im Vordergrund stehen.

Indikationen

Die Indikation zu den resezierenden Verfahren der Epilepsiechirurgie knüpft sich an 3 Voraussetzungen:

1. Pharmakoresistenz der Anfälle,
2. lokalisierbarer epileptogener Fokus,
3. Fokusresektion ist ohne neues neurologisches Defizit möglich.

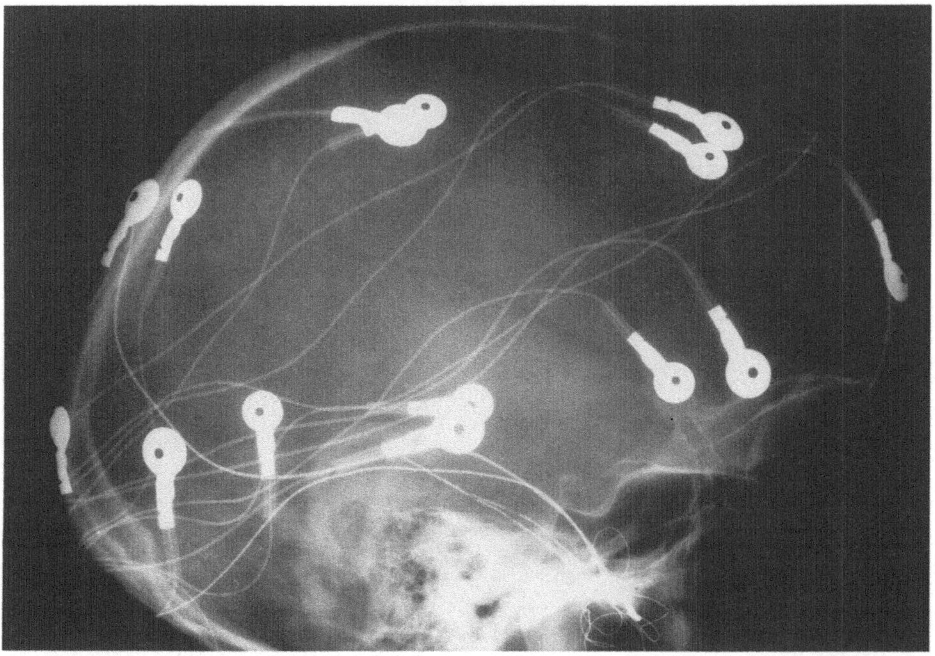

Abb. 1. Röntgenbild mit beidseitigen perkutan implantierten Foramen-ovalen Multikontaktelektroden zur präoperativen Fokuslokalisierung bei einer Patientin mit komplex partiellen Anfällen

Die Fokuslokalisation ist die Hauptaufgabe der prächirurgischen Diagnostik aus der Sicht des Neurochirurgen. Wie an anderer Stelle bereits ausführlich dargestellt, ist die Lokalisationsdiagnostik personell und apparativ sehr aufwendig (Stefan u. Wieser 1987). Einfache Skalpableitungen sind meist nicht ausreichend, da viele als Fokus in Frage kommende Kortexareale damit nicht erfaßt werden. So kann bei temporomesialen Herden durch Skalpableitungen oft nicht einmal die Seitendiagnose gestellt werden. Es sind dann invasive Ableitungen nötig, um die Elektroden möglichst nah an den zu identifizierenden Herd heranzubringen. Bei den Temporallappenepilepsien kommen neben den stereotaktisch implantierten Tiefenelektroden (Olivier 1985) auch die perkutan eingeführten Foramen-ovale-Elektroden in Frage (Abb. 1). Dabei wird in Barbituratkurznarkose unter Röntgendurchleuchtung in der Methode von Härtel das Foramen ovale an der Schädelbasis punktiert und durch die Hohlnadel eine flexible Ein- oder Mehrkontaktelektrode an die Medialseite des Temporallappens vorgeschoben (Wieser et al. 1985).

Bei extratemporalen Epilepsieherden ist die chronische subdurale Ableitung (Wyler et al. 1984; Wyllie et al. 1988) mit verschiedenen Streifen- oder Plattenelektroden möglich (Abb. 2).

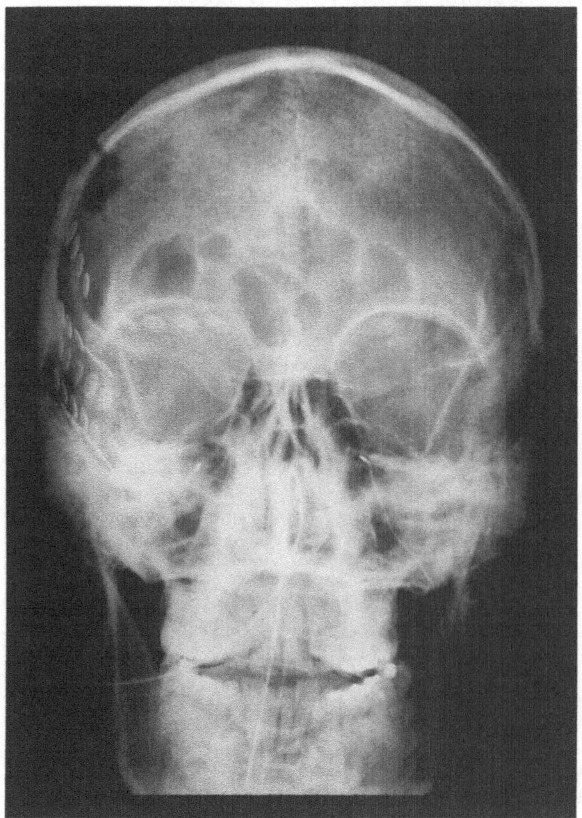

Abb. 2. Chronische Subduralableitung mit 20-Kontakt-Plattenelektrode temporal sowie 4-Kontakt-Streifenelektroden suprasylvisch und subfrontal-basal. Zusätzliche Registrierung über FO-Elektroden

Bildgebende Verfahren wie CT oder NMR können durch den Nachweis morphologischer Veränderungen die Lokalisierung des Fokus unterstützen, sind aber für sich allein niemals ausreichend. Nuklearmedizinische Methoden wie PET oder SPECT liefern wertvolle Daten über funktionelle Störungen und können die Ergebnisse der elektrophysiologischen Untersuchungen untermauern, aber nicht ersetzen (Biersack et al. 1987; Böcher-Schwarz et al. 1987; Engel 1984; Herholz et al. 1985).

Gerade aus der Sicht des Neurochirurgen ist eine exakte präoperative Fokuslokalisierung von ganz entscheidender Bedeutung. Niemals sollte ein morphologischer Befund in CT oder NMR voreilig mit dem fraglichen epileptogenen Fokus gleichgesetzt und reseziert werden, auch wenn der Zusammenhang noch so evident erscheinen mag (Stefan et al. 1987), wie z.B. bei einem Patienten mit komplex partiellen Anfällen und temporaler Arachnoidalzyste. Der Fokus kann dennoch frontal liegen, und die temporale Resektion wäre erfolglos. Zwingende Voraussetzung vor einem resezierenden Eingriff ist die Ableitung von Anfällen im EEG mit zweifelsfreier Lokalisation des Fokus.

Eine Resektion eines epileptogenen Fokus ist nur dann indiziert, wenn durch den Eingriff kein neues neurologisches Defizit oder die Verstärkung eines schon bestehenden zu erwarten ist. So kommt eine Resektion im Bereich der Zentralregion sowie des Gyrus prae- und postcentralis nur in seltenen Fällen, wie etwa bei einer infantilen Hemiplegie, in Betracht (White 1961, Wilson 1970). In den häufigen Fällen mit temporalem Fokus muß die Operabilität genauestens geklärt werden. Auf der sprachdominanten Seite sind zur Vermeidung einer Aphasie der Resektion im neokortikalen Bereich enge Grenzen gesetzt (Falconer 1967; Ojemann u. Dodrill 1985). Die Resektion temporomesialer Strukturen des limbischen Systems kann zu Gedächtnisstörungen führen (Jensen 1979). Eine Abschätzung des Risikos erfolgt durch eine intensive neuropsychologische Abklärung unter Einschluß des Wada-Tests, wobei durch intraarterielle Gabe von Natriumamytal in die A. carotis interna sowohl die Sprachdominanz als auch die Gedächtnisleistung der Großhirnhemisphären seitengetrennt untersucht werden (Gloor et al. 1976; Wada 1949; Wada u. Rasmussen 1960). In jedem Fall setzt eine Temporallappenresektion die intakte Funktion der Gegenseite voraus.

Kortikale Resektionen

Etwa ⅔ aller resezierenden Eingriffe entfallen auf Patienten mit komplex partiellen Anfällen bei temporalem Fokus. Das pathologisch anatomische Substrat für den Fokus ist die sog. Ammonshornsklerose, die durch Verlust an Neuronen und Relativer Vermehrung gliöser Elemente gekennzeichnet ist (Falconer 1974; Peiffer 1963). Als Ursache kommen in den meisten Fällen Geburtstraumen und perinatale Hypoxien in Betracht. Diese klassische „temporomesiale Gliose" findet sich in den limbischen Strukturen des Temporallappens; darüberhinaus konnen auch in den neokortikalen Anteilen entsprechende Veränderungen gefunden werden. Die klassische Resektion umfaßt daher auch alle diese Strukturen in Form der Standardresektion nach Falconer (1967). Heute wird diese Resektion individuell den Erfordernissen des einzelnen Patienten angepaßt („tailored resection"), wobei sich die Festlegung der Resektionsgrenzen nach den Ergebnissen der präoperativen Elektrodiagnostik und des intraoperativen Elektrokortikogramms (ECoG) richtet (Olivier 1983). Die ECoG am freiliegenden Hirn des Patienten zeigt uns im günstigsten Fall interiktuale Spikeaktivität über dem epileptogenen Fokus, der so über die präoperativen Befunde hinaus weiter eingegrenzt werden kann (Gloor 1975). Vor allem die hintere Resektionsgrenze im Temporallappen kann so exakt festgelegt werden (Abb. 3).

Die besten Daten liefert die Elektrokortikographie in Lokalanästhesie. Dies setzt aber optimale Mitarbeit und Motivation des Patienten voraus und ist bei Kindern unmöglich. Bei der Ableitung in Allgemeinnarkose sind ebenfalls gute Registrierungen möglich. Dabei müssen Lachgas und volatile Narkotika, wie Enflurane, während der Ableitung abgesetzt werden. Durch die Bolusinjektion von kurzwirkenden Barbituraten, etwa 25 mg Brevimytal i. v., können Spikes provoziert werden.

Bei der Operation sollte das epileptogene Areal stets vollständig entfernt werden. Dies ist auf der nichtdominanten, meist rechten Seite leichter möglich. Als

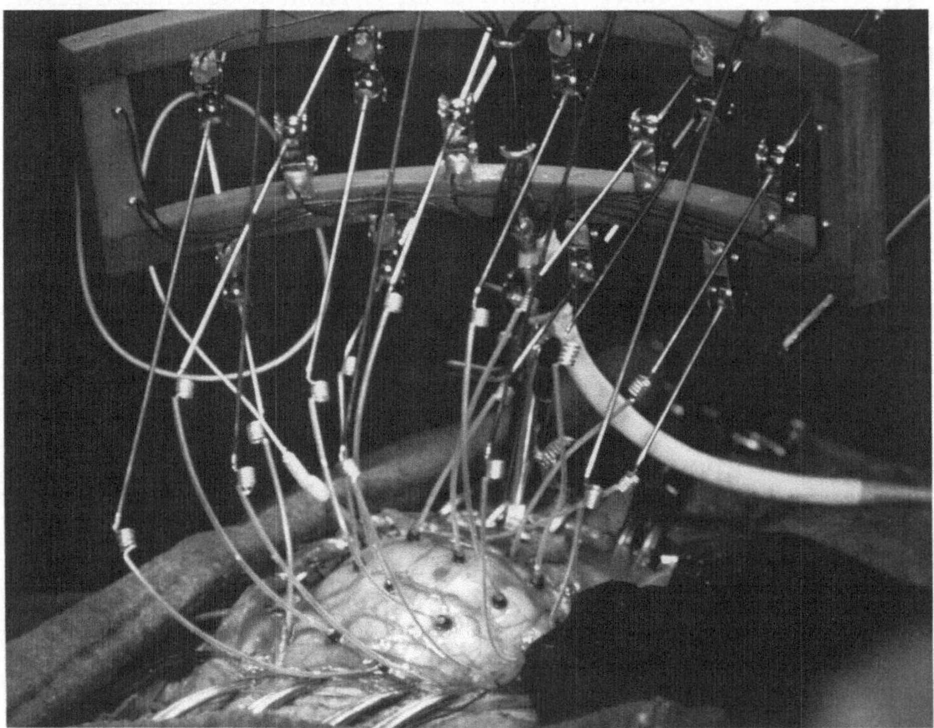

Abb. 3. Elektrokortikographie mit dem 16-Kontakt-Elektrodenschirm nach dem Montreal-Modell

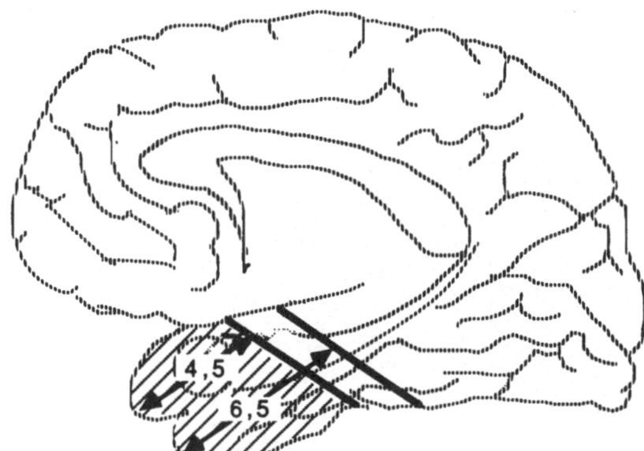

Abb. 4. Schema der temporalen neokortikalen Resektionsgrenzen in der dominanten und nichtdominanten Hemisphäre

risikolos gilt eine Resektion bis zu 5,5 oder 6 cm vom Temporalpol nach posterior. Eine weiter gehende Resektion birgt die Gefahr eines homonymen Quadrantenausfalles oder gar einer Hemianopsie durch Verletzung der Gratiolet-Sehstrahlung (Falconer 1958) (Abb. 4). Bei der üblichen Technik wird zunächst der neokortikale Temporallapenanteil reseziert. Die Resektion beginnt im Gyrus temporalis superior in mikrochirurgischer Technik, wobei die Pia als Grenze zur Fissura Sylivii erhalten bleibt. Man kann so die A. cerebri media und ihre Äste gut schonen und hat bei der Präparation stets eine gute Leitschiene (Penfield et al. 1961). Basal endet die Resektion im Sulcus collateralis. Eine erste Kontrolle des Elektrokortikogramms zeigt die Aktivität über der Amygdala, dem Hippokampus und an den neokortikalen Resektionsgrenzen. Dann wird die Resektion an den limbischen Strukturen vervollständigt. Zeigt die erneute Elektrokortikographie weiterhin Spikeaktivität, kann die neokortikale Resektion noch vergrößert werden.

Engere Grenzen für die Resektion sind in der dominanten Hemisphäre gegeben. Hier ist v. a. mit Sprachstörungen zu rechnen, wenn nicht sehr enge Resektionsgrenzen eingehalten werden (Ojemann u. Dodrill 1985). Als noch sicher gilt eine Resektion bis maximal 4,5 cm posterior vom Temporalpol (Olivier 1983). Die große Variabilität der kortikalen Sprachrepräsentanz, wie sie durch Stimulationstests am wachen Patienten von Penfield u. Jasper (1954) nachgewiesen wurde, läßt hier aber eine gewisse Unsicherheit zurück, so daß bei ausgedehnteren Resektionen stets die Möglichkeit einer Operation in Lokalanästhesie mit kortikalem Mapping in Betracht gezogen werden sollte.

Wie Wieser zeigen konnte, lassen sich in der großen Gruppe der komplex partiellen Anfälle verschiedene epileptogene Herde unterscheiden (Wieser et al. 1980).

Der bedeutendste Fokus ist dabei der Amygdalohippokampuskomplex. Dies führte zur Technik der selektiven Amygdalohippokampektomie, die von Yasargil entwickelt wurde, bei der die neokortikalen Temporallappenanteile vollständig erhalten blieben (Yasargil et al. 1985). Um den Ursprung der Anfälle auf diese Region festlegen zu können, ist eine invasive Diagnostik mit stereotaktisch implantierten Tiefenelektroden (SEEG) oder, wie bei uns durchgeführt, mit den oben beschriebenen Foramen-ovale-Elektroden erforderlich (Wieser 1986). Die selektive Amygdalohippokampektomie beginnt mit einer erweiterten pterionalen Trepanation. Nach Eröffnung der Fissura Sylvii wird die A. cerebri media dar-

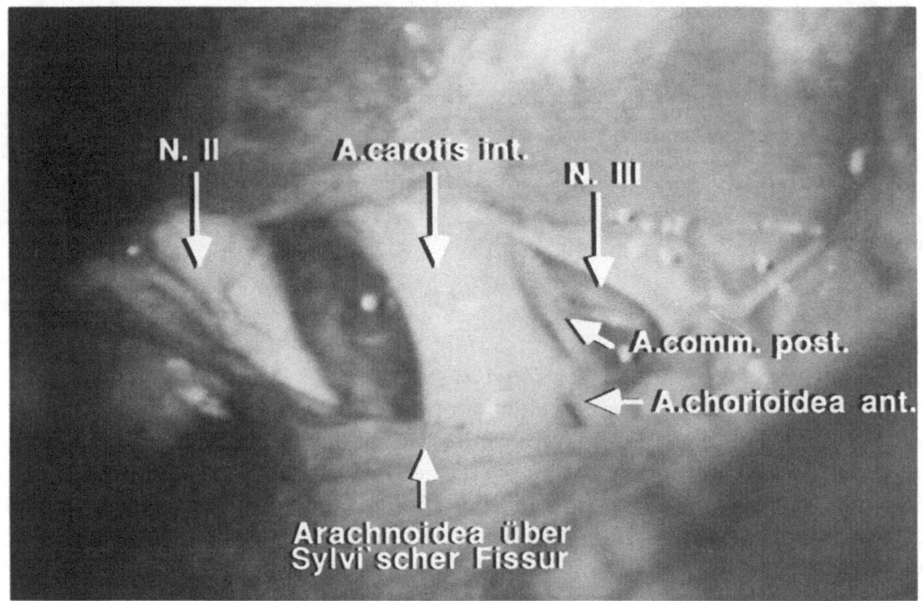

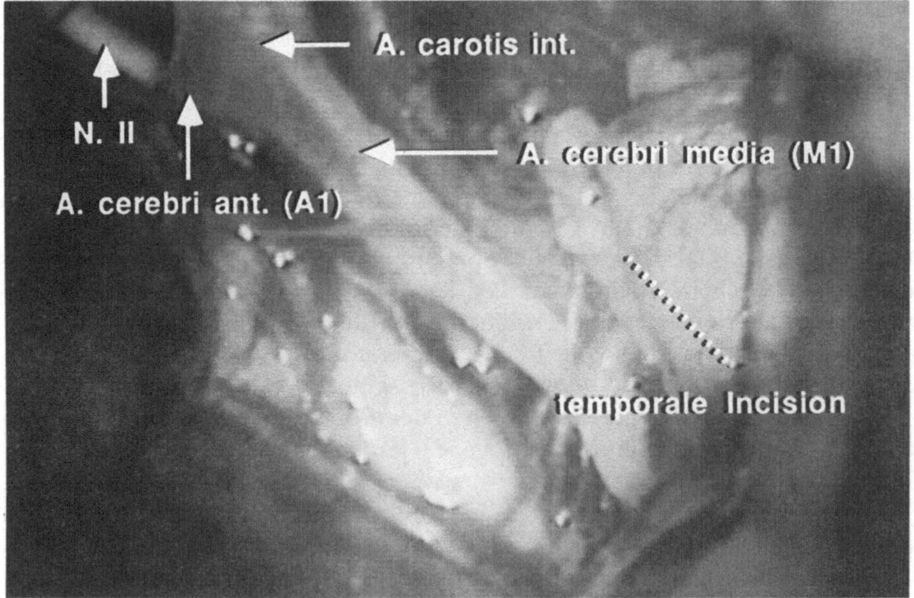

Abb. 5. Mikrochirurgischer Zugang bei selektiver Amygdalohippokampektomie.
Oben: Zugang zur Fissura Sylvii, *unten:* Darstellung der A. cerebri media und Zugang zum Temporalhorn

gestellt und in Höhe der Mediaaufzweigung zwischen der A. temporalis anterior und der A. temporalis media auf der Temporalseite eine Inzision durchgeführt, wobei die zur Verfügung stehende Strecke vom Abstand der Mediaäste bestimmt wird (Abb. 5). Man gelangt so in den vorderen Teil des Temporalhorns, wo zunächst die Amygdala entfernt wird. Durch eine erneute Elektrokortikographie, bei der mit einer Streifenelektrode auch direkt vom Hippokampus abgeleitet wird, wird das Ausmaß der Hippokampusresektion festgelegt. Erst danach erfolgt die Absetzung des Hippokampus.

Extratemporale Resektionen

Auch bei extratemporalem Fokus kommen resezierende Verfahren in Betracht. Am häufigsten betroffen ist der Frontallappen, seltener der Parietal- oder Okzipitallappen (M. N. Goldstein et al. 1975; Rasmussen 1975, 1983b). Die exakte präoperative Fokuslokalisation ist für die Operation unbedingt Voraussetzung. Ableitungen mit Skalpelektroden sind dafür meist zu ungenau und müssen durch invasive Methoden ergänzt werden. Man verwendet dazu Multikontaktelektroden, die entweder epi- oder subdural implantiert werden und mit denen große Areale der Hirnoberfläche direkt abgeleitet werden können. Bei chronischer Ableitung bietet sich der große Vorteil, sowohl interiktuale Veränderungen als auch Anfälle selbst abzuleiten (Wyler et al. 1984; Wyllie et al. 1988). Die so genau bestimmte Lokalisation des Fokus erlaubt dem Operateur, die Resektion auf das absolut notwendige Minimum zu beschränken. Auch durch intraoperative Elektrokortikographie wird das Ausmaß der notwendigen Resektion festgelegt (Abb. 6). Dies ist besonders wichtig für die Fälle, in denen der Fokus in unmittelbarer Nähe zu funktionell wichtigen Kortexarealen liegt. Sollte der Fokus im funktionstragenden Gewebe selbst lokalisiert sein, kommt eine resezierende Operation nicht in Frage, da sonst schwere neurologische Defizite die Folge sind. In seltenen Fällen, in denen die Funktion des Hirngewebes durch den zugrunde liegenden Prozeß bereits aufgehoben ist, wie z. B. bei infantiler Hemiparese oder im Endstadium einer Rasmussen-Enzephalitis, kann eine Resektion ohne neues Defizit in Einzelfällen bis hin zur Hemisphärektomie erfolgen (Rasmussen 1983a, 1978; White 1961; Wilson 1970).

Kallosotomie

Alternativ kommt hier die Durchtrennung des Corpus callosum in Betracht (Kallosotomie). Die Durchtrennung der Kommissurfasern verhindert eine Ausbreitung der epileptischen Aktivität auf die Gegenseite. Die sekundäre Generalisation des Anfalles ist damit unmöglich.

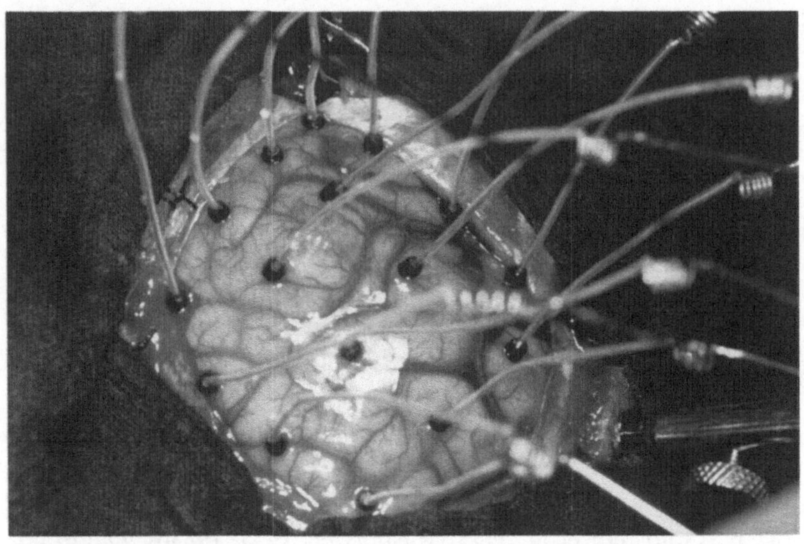

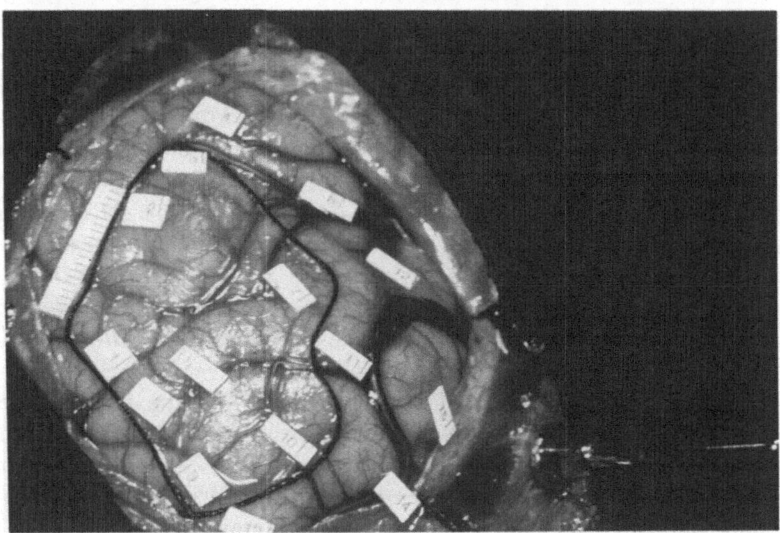

Abb. 6. *Oben:* Festlegung der Resektionsgrenzen bei parietalem Epilepsiefokus mittels ECoG, *unten:* mit Faden markiertes Areal der epileptogenen Aktivit

Historisch entstand die Kallosotomie als Zugang zum III. Ventrikel und wurde zuerst von Dandy 1922 durchgeführt. Die Kallosotomie zur Behandlung pharmakoresistenter epileptischer Anfälle wurde von van Wagenem u. Herren 1939 begonnen und 1940 mit einer Serie von 10 Patienten publiziert (van Wagenem u. Herren 1940). Die Idee zu dieser Therapie entstand aus der klinischen Beobachtung von Patienten mit einem Anfallsleiden, deren Anfälle durch zuneh-

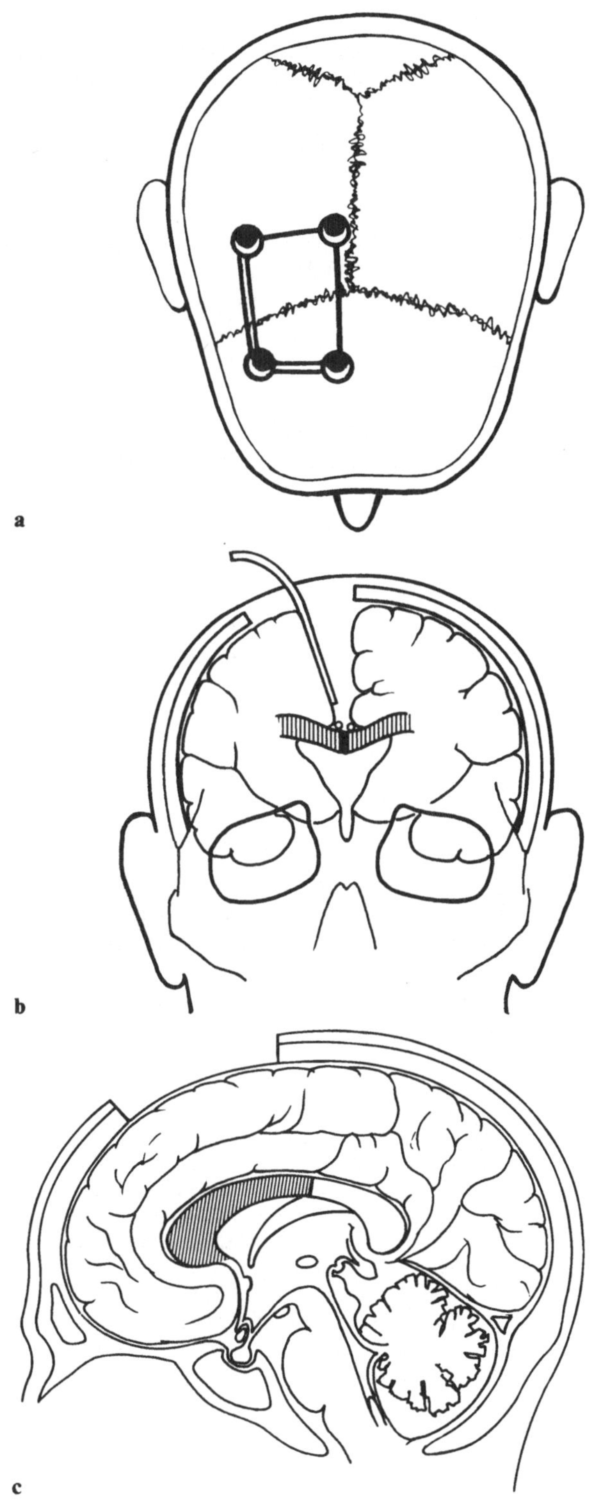

Abb. 7a–c. Schema der partiellen Kallosotomie. **a** Frontoparietale Trepanation rechts, **b** Zugang durch den Mittelspalt in frontaler Sicht, **c** Zugang und Ausmaß der Kallosotomie in mediosagittaler Sicht

mende Destruktion des Corpus callosum, sei es durch einen Tumor oder durch eine Blutung, seltener wurden oder gänzlich sistierten.

Indiziert ist die Kallosotomie v. a. bei Patienten mit bilateralen oder multifokalen Herden, bei denen schwere Sturzanfälle verhindert wurden, die sonst zu häufigen und oft schweren Verletzungen der Patienten führen (Gates et al. 1984; Joodman et al. 1984; Harbangh et al. 1983; Luessenhop et al. 1970; Williamson 1985; Wilson et al. 1978).

Die Kallosotomie wird heute nur partiell als anteriore Zweidritteldurchtrennung durchgeführt. Dabei wird das Corpus callosum über eine rechtsfrontale Trepanation durch den Interhemisphärenspalt mikrochirurgisch dargestellt und durchtrennt (Abb. 7a–c). Zu achten ist v. a. auf die Venen des Mittelspalts, die als wichtige Drainagen erhalten werden müssen, um neurologische Defizite zu vermeiden.

Durch die Zweidrittelkallosotomie wird das sonst zu erwartende, Diskonnektionssyndrom (Akalaitis 1944; Geschwind 1965) weitgehend vermieden, es werden in der Folge nur passagere Störungen beobachtet. Andererseits reicht diese Durchtrennung aus, um die Ausbreitung der epileptischen Aktivität zu unterbinden (Goldstein et al. 1975; Gordon et al. 1971; Huck et al. 1980; Saint Hilaire et al. 1985; Spencer et al. 1985).

Als passagere Störungen sind v. a. ein reversibler Mutismus und eine transiente Hemiparese kontralateral zum Zugang zu nennen.

Ergebnisse

Die Ergebnisse der operativen Epilepsietherapie werden heute nach einer allgemein übernommenen Outcomeklassifikation bewertet (Engel 1987). Wir unterscheiden dabei 4 Klassen, wie in Tabelle 1 dargestellt.

Tab. 1. Outcomeklassifikation nach Epilepsiechirurgie

Klasse I:	Anfallsfrei	
	A:	Komplett anfallsfrei
	B:	Keine Anfälle, aber Auren
	C:	Anfälle früh postoperativ, danach mindestens 2 Jahre anfallsfrei
	D:	Anfälle bei Medikamentenentzug
Klasse II:	Seltene Anfälle (fast anfallsfrei)	
		Maximal 3 Anfälle/Jahr ohne Beeinträchtigung der Lebensqualität
Klasse III:	Wertvolle Besserung	
	A:	Deutliche Reduktion der Anfallsfrequenz und Anfallsintensität
	B:	Deutlich längere anfallsfreie Intervalle, davon eines mindestens 2 Jahre
Klasse IV:	Keine Besserung	
	A:	Anfallsreduktion, aber weiter Anfälle, die eine volle Reintegration des Patienten verhindern
	B:	Keine Änderung
	C:	Verschlechterung der Anfallssymptomatik

Tab. 2. Ergebnisse operativer Therapie der Epilepsie

Operation	Fälle	Ergebnis Klasse I	Klasse II + III	Klasse IV
Hemisphärektomie[a]	88	77,3%	18,2%	4,5%
Temporallappenresektion[a]	2336	55,5%	27,7%	16,8%
Extratemporale Resektion[a]	825	43,2%	27,8%	29,1%
Kallosotomie[a]	197	5,0%	71,0%	24,0%
Selektive Amygdalohippocampektomie[b]	73	75,0%	20,0%	5,0%

[a] Engel 1987.
[b] Wieser u. Yasargil 1987.

Die besten Resultate zeigen die resezierenden Verfahren, die größten Erfahrungen liegen bei den temporalen Resektionen vor (Tabelle 2). In einer großen Multicenterstudie, die 1987 von Engel veröffentlicht wurde, konnte bei 2336 Temporallappenresektionen bei 55,5% der Patienten Anfallsfreiheit und bei weiteren 27,7% eine wesentliche Besserung erzielt werden. Bei der selektiven Amygdalohippokampektomie sehen die Ergebnisse noch günstiger aus (Wieser u. Jasargil 1987). Hier wurden in der Serie von Wieser u. Yasargil 75% der Patienten bei entsprechend strenger Indikation vollständig anfallsfrei und weitere 20% wesentlich gebessert. DIe Ergebnisse der extratemporalen Resektionen sind etwas weniger günstig. Anfallsfreiheit und wesentliche Besserung kann hier bei 70% der Patienten erreicht werden.

Die heute nur noch selten durchgeführte Hemisphärektomie erbrachte bei 77% der Patienten vollständige Anfallsfreiheit und Besserung bei weiteren 18%.

Bei der Kallosotomie lassen sich in 76% der Fälle die gefährlichen Sturzanfälle unterbinden. In einem Teil der Fälle ergibt sich nach der Kallosotomie aber noch ein weiterer Effekt: Durch die Diskonnektion der Frontalhirne läßt sich eine Prädominanz der Anfallsaktivität einer Seite erkennen, die vor der Kallosotomie nicht feststellbar war. Für eine Reihe von Patienten besteht dann die Möglichkeit einer zusätzlichen Resektion des vorwiegend betroffenen Frontalhirns mit weiterer Anfallsreduktion (Spencer et al. 1985).

Komplikationen

Die Komplikationsrate der invasiven Diagnostik ist gering (Van Buren 1987). Die Morbidität ist v. a. durch Infektionen und Blutungen bedingt und liegt im bereich von 1–4%, je nach Methode. DIe Komplikationen von Tiefen- und großen Plattenelektroden sind deutlich höher als bei den Streifenelektroden. Dies sollte daher bei der Indikationsstellung berücksichtigt werden.

Die Komplikationen der Operationen sind am häufigsten bei der Hemisphärektomie (Falconer u. Wilson 1969; Rasmussen 1973). Die Mortalität beträgt 4%, und die Morbidität ist mit 17% hoch (van Buren 1987). Über die Hälfte davon entfällt auf einen postoperativen shuntpflichtigen Hydrozephalus, der auf den Verlust einer großen Liquorresorptionsfläche zurückgeht. Die Technik der Hemisphärektomie wurde daher im Laufe der Zeit modifiziert. Es wird heute keine komplette Hemisphärektomie mehr durchgeführt, sondern ein Saum von frontalem und parietookzipitalem Hirngewebe belassen, wobei möglichst viel Arachnoidea erhalten wird (Rasmussen 1983a).

Die übrigen Verfahren sind komplikationsarm. Über das geringe allgemeinchirurgische Blutungs- und Infektionsrisiko im 1%-Bereich hinaus stehen die lokalen Komplikationen des jeweiligen Eingriffs im Vordergrund. Bei den häufigen Temporallappenresektionen kann es zu passageren Sprach- sowie Gedächtnisstörungen kommen; bei den weit nach medial reichenden Resektionen in den limbischen Temporallappenanteilen sind Irritationen des III. Hirnnervs mit transienten Paresen möglich. Bleibende Defizite sind selten. Gelegentlich treten in den ersten postoperativen Tagen kontralaterale fokalmotorische Anfälle auf, auch wenn die Patienten solche Anfälle nie zuvor hatten. Sie sind als sog.- „neighbourhood fits" seit langem bekannt und verschwinden nach wenigen Tagen vollständig.

Bei der Kallosotomie steht neben neuropsychologischen Phänemenen als Komplikation eine transiente Hemiparese im Vordergrund, die schwellungsbedingt und meist reversibel ist. Bei der selektiven Amygdalohippokampektomie in der Serie von Wieser und Yasargil wurden keine zusätzlichen neurologischen Defizite gegenüber dem präoperativen Befund angegeben (Wieser und Yasargil 1987).

Stereotaktische Operationen

Die Wirksamkeit stereotaktischer Eingriffe bei pharmakoresistenten Anfällen beruht auf 3 möglichen Mechanismen (Walker 1982). Erstens kann durch gezielte Läsionen ein umschriebener epileptogener Fokus zerstört werden, zweitens kann die Ausbreitung der epileptischen Erregung durch Läsion der bevorzugten Bahnen verhindert werden, und schließlich kann durch stereotaktische Eingriffe die allgemeine Erregbarkeit im ZNS gesenkt bzw. die Schwelle erhöht werden.

Der erste Melchanismus entspricht der zugrundeliegenden Annahme bei den resezierenden Methoden; auch hier wird epileptogenes Gewebe zerstört. Wichtig ist dabei, daß eine bestimmte kritische Masse zerstört wird und möglichst wenig aktives Gewebe zurückbleibt. Daher sind stereotaktische Läsionen nur bei kleinen umschriebenen Herden aussichtsreich. Als häufigster Zielpunkt unter dieser Vorstellung ist daher in den 60er und 70er Jahren das limbische System im medialen Temporallappen und hier wiederum das Corpus amygdaloideum gewählt worden (Adams u. Rutkin 1969; Andy et al. 1975; Balasubramanian u. Kanaka 1976; Flanigin u. Nashold 1976; Narabayasti u. Mitzntani 1970; Vaernet 1972). Die Ausschaltungen erfolgten nach den Daten der Tiefenableitungen, wobei die Läsionen an den Orten der größten Spikeaktivität gesetzt wurden. Die Ergebnisse der stereotaktischen Amygdalotomie waren aber denen der offenen Resektionen deutlich unterlegen. Eine mögliche Ursache dafür war die zum damaligen Zeitpunkt schwierigere und weniger exakte Fokuslokalisierung und daher unzureichende Patientenselektion. Mit den heute zur Verfügung stehenden Verfahren des invasiven Langzeitmonitoring, das bereits zur Technik der offenen selektiven Amygdalohippokampektomie geführt hat, erscheint auch für die Zukunft bei ausgewählten Patienten ein stereotaktisches Vorgehen unter diesem Aspekt wieder möglich.

Zur Unterbrechung der epileptischen Erregungsausbreitung sind entsprechend der Vielfalt der Möglichkeiten eine ganze Reihe von Zielpunkten ausgewählt worden. Bei Patienten mit Temporallappenepilepsien breitet sich die epileptische Aktivität durch den Hippokampus und den Fornix aus. Entsprechende Fornikotomien wurden seit den späten 50er Jahren durchgeführt (Barcia-Solario u. Broretta 1976). Umbach konnte damit bei 60% der Patienten eine Besserung der sekundär generalisierten Anfälle erzielen (Umbach 1966).

Anfälle aus der motorischen Zentralregion wurden durch Läsionen in der Capsula interna beeinflußt, wobei unterschiedlich stark ausgeprägte Paresen in Kauf genommen werden mußten. Wegen der Beteiligung des Putamen an diesen Anfällen wurde auch hier durch Läsionen das Anfallsgeschehen beeinflußt (Hori et al. 1968).

Aufgrund der bevorzugten Ausbreitung von motorischen Anfällen über striato-pallido-thalamische Bahnen wurden auch durch stereotaktische Läsionen im Forel-H-Feld eine Beeinflussung der Anfälle erreicht (Jinnai u. Mukawa 1970).

Der Thalamus als generelle Relaisstation des ZNS gehörte zu den bevorzugten Zielpunkten stereotaktischer Eingriffe bei generalisierten Epilepsien (Pertuiset et al. 1969), wobei der Nucleus ventralis anterior (Kusske et al. 1972) und der Nucleus ventralis lateralis selektiv ausgeschaltet wurden.

Die Ergebnisse dieser leitungsunterbrechenden Eingriffe sind unbefriedigend. Vor allem wurden nur sehr schlechte Langzeitergebnisse erzielt. In der Mehrzahl der Fälle kam es auch nach anfänglicher Besserung der Anfallsfrequenz zum Rückfall. Bei keinem der Patienten war ja der epileptogene Fokus beseitigt worden, und die epileptische Erregungsausbreitung lief offenbar über alternative Bahnen weiter.

Zur Herabsetzung der kortikalen Erregbarkeit wurden Läsionen sowohl im Thalamus, hier im Nucleus centralis medialis, und im posterioren Hypothalamus als Teilen des unspezifischen Aktivierungssystems versucht. Auch hier konnten nur kurzzeitige Besserungen erzielt werden.

Als weitere Methode wurde v. a. von Cooper et al. (1976) die zerebelläre Stimulation zur Anfallstherapie eingesetzt, die sich auf die inhibitorischen Effekte der Kleinhirnaktivität stützt. Entgegen einzelnen positiven Berichten Levy u. Auchterlonie (1979) konnte Van Buren et al. (1978) in einer kontrollierten Doppelblindstudie aber die Wirksamkeit der Methode nicht nachweisen, die sich in den folgenden Jahren auch nicht weiter durchsetzen konnte.

Zusammenfassend muß festgehalten werden, daß die Ergebnisse der stereotaktischen Eingriffe bis heute denen der REsektionen unterlegen sind. Die Ursachen sind vielfältig. Die epileptogenen Herde sind oft zu ausgedehnt, als daß sie durch kleine umschriebene Läsionen ausgeschaltet werden könnte. Die Ausbreitungswege der epileptischen Aktivität sind variabel; Läsionen einzelner Bahnen oder Schaltstationen reichen daher nicht aus, die klinische Entstehung von Anfällen zu verhindern. Es bedarf noch intensiverer präoperativer Abklärungen des Anfallsherdes und der Ausbreitung der epileptischen Aktivität im individuellen Fall, um mit den auf die Bedürfnisse des Einzelfalles angepaßten stereotaktischen Eingriffen dem jeweiligen Patienten helfen zu können.

Literatur

Adams JE, Rutkin B (1969) Treatment of temporal lobe epilepsy by stereotactic surgery. Confinia Neurol 31:80–85

Akelaitis AJ (1944) A study of gnosis, praxis and language following section of the corpus callosum and anterior commissure. J Neurosurgery 1:94–102

Andy OJ, Jurlo MI, Hughes JR (1975) Amygdalotomy for bilateral temporal lobe seizures. South Med J 68:743–748

Balasubramanian V, Kanaka TS (1976) Stereotactic surgery of the limbic system in epilepsy. Acta Neurochir [Suppl] 23:225–234

Barcia-Solario JL, Broretta J (1976) Stereotactic fornicotomy in temporal lobe epilepsy. Acta Neurochir [Suppl] 23:167–175

Biersack HJ, Stefan H, Reichmann K et al. (1987) HM-PAO brain SPECT and epilepsy. Nucl Med Commun 8:513–518

Böcher-Schwarz HG, Stefan H, Pawlik G, Penin H, Heiss WD (1987) New diagnostic tools for localizing the epileptic focus: Positron emission tomogrphy of cerebral glucose metabolism and magnetic resonance imaging in patients with complex partial seizures. Adv Neurosurg 15:158–165

Cooper IS, Amin I, Riklan M et al. (1976) Chronic cerebellar stimulation in epilepsy. Arch Neurol 33:559–570

Dandy WE (1922) Diagnosis, localization and removal of tumors of the third ventricle. Johns Hopkins Bull 33:188–189

Engel J (1984) The use of positron emissiontomographic scanning in epilepsy. Ann Neurol 15:180–194

Engel J (1987) Outcome with respect to epileptic seizures. In: Engel J (ed) Surgical treatment of the epilepsies. Raven Press, New York, pp 553–571

Falconer MA (1958) Visual field changes following anterior temporal lobectomy. Brain 81:1–14

Falconer MA (1967) Surgical treatment of temporal lobe epilepsy. NZ Med J 66:539–542

Falconer MA (1974) Mesial temporal sclerosis as a common cause of epilepsy. Lancet II:767–770

Falconer MA, Wilson PJE (1969) Complications related to delayed haemorrhage after hemispherectomy. J Neurosurg 30:413–426

Flanigin HF,m Nashold BS (1976) Stereotactic lesions of the amygdala and hippocampus in epilepsy. Acta Neurochir [Suppl] 27:235–239

Foerster O (1925) Zur Pathogenese und chirurgischen Behandlung der Epilepsie. Zentralbl Chir 52:531–549

Foerster O, Penfield W (1930) The structural basis of traumatic epilepsy and results of radical operation. Brain 53:99–119

Gates JR, Leppik IE, Yap J, Gumnit RJ (1984) Corpus callosotomy: Clinical and electroencephalographic effects. Epilepsia 25:308–316

Geschwind N (1965) Disconnexion syndromes in animals and man. Brain 88:585–649

Gloor P (1975) Contributions of electroencephalography and electrocorticography to the neurosurgical treatment of the epilepsies. Adv Neurol 8:59–105

Gloor P, Rasmussen T, Altuzzara A, Garrebon H (1976) Role of the intracarotid amobarbital-pentylenetetrazol EEG test in the diagnosis and surgical treatment of patients with complex partial seizure problems. Epilepsia 17:15–31

Goldring S (1972) The role of prefrontal cortex in grand mal convulsions. Arch Neurol (Chicago) 26:109–119

Goldstein MN, Joynt RJ, Hartley RB (1975) The long term effects of callosal sectioning. Arch Neurol 32:52–53

Goodman RN (1985) Interhemispheric commissurotomy for congenital hemiplegics with intractable epilepsy. Neurology 35:1351–1354

Gordon HW, Bogen JE, Sperry RW (1971) Absence of deconnexion syndrome in two patients with partial section of the neocommissure. Brain 94:327–336

Harbaugh RE, Wilson DH, Reeves AG, Gazzaniga MS (1983) Forebrain commissurotomy for epilepsy. Acta Neurochir 68:263–275

Herholz K, Pawlik G, Wienhard K, Heiss WD (1985) Computer assisted mapping in quantitative analysis of verebral positron emission tomograms. J Comput Assist Tomogr 9:154–161

Hori Y, Terada C, Kanazawa K, Miyamoto S (1968) The effect of stereotaxic putamenectomy for epileptis seizures. Neurol Med Chir (Tokyo) 10:321–323

Horsley V (1886) Brain surgery. Br Med J 2:670–675

Huck FR, Radrany J, Avila JD et al. (1980) Anterior callosotomy in epileptics with multiform seizures and bilateral synchronous spike and wave EEG pattern. Acta Neurochir [Suppl] 30:127–135

Jensen I (1979) Mental effects of temporal lobe epilepsy. Follow up of 74 patients after resection of a temporal lobe. J Neurol Neurosurg Psychiatry 42:256–265

Jinnai D, Mukawa J (1970) Forel-H-tomy for the treatment of epilepsy. Confinia Neurol 32:307–315

Kusske JA, Ojemann GA, Ward AA (1972) Effects of lesions in ventral anterior thalamus on experimental focal epilepsy. Exp Neurol 34:279–290

Levy LF, Auchterlonie WC (1979) Chronic cerebellar stimulation in the treatment of epilepsy. Epilepsia 20:235–245

Luessenhop AJ, de la Cruz TC, Fenichel GM (1970) Surgical disconnection of the cerebral hemispheres for intractable seizures. JAMA 213:1630–1636

Narabayashi H, Mitzutani T (1970) Epileptic seizures and the stereotactic amygdalotomy. Confinia Neurol 32:289–297

Ojemann GA, Dodrill CB (1985) Verbal memory deficits after left temporal lobectomy for epilepsy. J Neurosurg 62:101–107

Ojemann GA, Ward AA (1975) Stereotactic and other procedures for epilepsy. Adv Neurol 8:241–263

Olivier A (1983) Surgical treatment of complex partial seizures. Prog Clin Biol Res 124:309–444

Olivier A, Gloor P, Quesney LF, Andermann F (1985) The place of stereotactic depth electrode recording in man. Appl Neurophysiol 48:94–97

Peiffer J (1963) Morphologische Aspekte der Epilepsien. Springer, Berlin Göttingen Heidelberg

Penfield WD, Jasper H (1954) Epilepsy and the functional anatomy of the human brain. Little & Brown, Boston

Penfield W, Leude RA, Rasmussen T (1961) Manipulation hemiplegia, an untoward complication in the surgery of focal epilepsy. J Neurosurg 18:760–776

Pertuiset B, Hirsch GF, Sachs M, Landan-Ferry J (1969) Selective stereotactic thalamotomy in Grand Mal epilepsy. Excerpta Medica, Amnmsterdam, pp 72–78

Ramamurthi B, Kalyanaraman S (1982) Stereotactic targets for epilepsy. In: Schaltenbrand G, Walker AE (eds) Stereotaxy of the human brain. Thieme, Stuttgart, pp 653–660

Rasmussen T (1973) Postoperative superficial hemosiderosis of the brain, its diagnosis, treatment and prevention. Trans Am Neurol Ass 98:133–137

Rasmussen T (1975) Surgery of frontal lobe epilepsy. Adv Neurol 8:197–205

Rasmussen T (1978) Further observations on the syndrom of chronic encephalitis and epilepsy. Appl Neurophysiol 41:1–12

Rasmussen T (1983a) Hemispherectomy for seizures revisited. Can J Neurol Sci 10:71–78

Rasmussen T (1983b) Characteristics of a pure culture of frontal lobe epilepsy. Epilepsia 24:482–493

Saint-Hilaire JM, Giarel N, Bouvier G, Labrecque R (1985) Anterior callosotomy in frontal lobe epilepsies. In: Reeves AG (ed) Epilepsy and the Corpus Callosum. Plenum, New York London, pp 303–314

Spencer S, Spencer DD? Williamson PD, Mattson RH (1985) Effects of corpus callosum section on secondary bilaterally synchronous interictal EEG discharges. Neurology 35:1689–1702

Stefan H, Wieser HG (1987) Prächirurgische epileptologische Intensivevaluation. In: Bätz B, Künkel H, Zuckschwert W (Hrsg) Prächirurgische Diagnostik und operative Behandlung beie therapieresistenten Epilepsien. Schwerdt, München, S 18–38

Stefan H, Pawlik G, Böcher-Schwarz HG et al. (1987) Functional and morphological abnormalities in temporal lobe epilepsy: A comparison of EEG, CT, MRI, SPECT, PET. J Neurol 234:377–384

Sussman NM, Gur RC, O'Connor MJ (1983) Mutism as a consequence of callosotomy. J Neurosurg 59:514–519

Talairach J, Bancaud J, Szikla G, Bonis A, Geier S, Kedrenne C (1974) Approche nouvelle de la neurochirurgie de l'épilepsie. Neurochirurgie 20 [Suppl 1]:1–240

Umbach W (1966) Long term results of fornicotomy for temporal epilepsy. Confinia Neurol 27:121–123

Vaernet K (1972) Stereotaxic amygdalotomy in temporal lobe epilepsy. Confinia Neurol 34:176–180

Van Buren J, Wood H, Oakley J, Hambrecht F (1978) Preliminary evaluation of verebellar stimulation by double blind stimulation and biological criteria in the treatment of epilepsy. J Neurosurg 48:407–416

Van Buren J (1987) Complications of the surgival procedures in the diagnosis and treatment of epilepsy. In: Engel J (ed) Surgical treatment of the epilepsies. Raven Press, New York, pp 465–476

van Wagenem WP, Herren RY (1940a) Surgical division of commissural pathways in the corpus callosum: Relation to spread of an epileptic attack. Arch Neurol Psychiatry 44:740–759

Wada J (1949) A new method for the determinantion of the side of cerebral speech dominance. Med Biol 14:221–222

Wada J, Rasmussen T (1960) Intracarotid injection of sodium amytala for the lateralization of cerebral speech dominance: experimental and clinical observations. J Neurosurg 17:266–282

Walker AE (1982) General principles of stereotaxic surgery for epilepsy. In: Schaltenbrand G, Walker AE (eds) Stereotaxy of the human brain. Thieme, Stuttgart, pp 645–652

White PH (1961) Cerebral hemispherectomy in the treatment of infantile hemiplegia. Confinia Neurol 21:1–50

Wieser HG (1986) Selective amygdalohippocampectomy: Indications, investigative technique und results. In: Advances and technical standards in neurosurgery, vol. 13 Springer, Wien New York, pp 39–133

Wieser HG, Yasargil G (1987) Selective amygdalohippocampektomy: Follow-up study of 103 patients. In: Wolf P, Dam M, Janz D, Dreifuss FE (eds) Advances in Epileptology, vol 16. Raven Press, New York, pp 331–335

Wieser HG, Meles HP, Bernoulli C, Siegfried J (1980) Clinical and chronotopographic psychomotor seizure patterns. Acta Neurochir (Wien) [Suppl] 30:103–112

Wieser HG, Elger CE, Stodick SRG (1985) The foramen ovale electrode: A new recording method for the preoperative evaluation of the patients suffering from mesiobasal temporal lobe epilepsy. Electroencephalogr Clin Neurophysiol 61:314–322

Williamson PD (1985) Corpus callosum section for intractable epilepsy. Criteria for patient selection. In: Reeves AG (ed) Epilepsy and the corpus callosum. Plenum, New York London, pp 243–257

Wilson PJE (1970) Cerebral hemisperectomy for infantile hemiplegia. Brain 93:147–180

Wilson DW, Reeves A, Gazzaniga MS (1978) Division of the corpus callosum for uncontrollable epilepsy. Neurology 28:649–653

Wyler AR, Ojemann GA, Lettich E, Ward AA (1984) Subdural strip electrodes for localising epileptogenic foci. J Neurosurg 60:1195–1200

Wyllie E, Lüders H, Morris HH et al. (1988) Subdural electrodes in the evaluation for epilepsy in chidren and adults. Neuropediatrics 19:80–86

Yasargil MG, Teddy PJ, Roth P (1985) Selective amygdalohippocampectomy. Operative anatomy and surgical technique. In: Symon L (ed) Advances and technical standards in neurosurgery, vol 12. Springer, Wien New York, pp 93–124

Sachverzeichnis